大数据应用人才培养系列教材

大数据系统运维

总主编 刘 鹏 张 燕

主 编 姜才康

副主编 陶建辉

清华大学出版社

北 京

内 容 简 介

　　本书是大数据应用人才培养系列教材中的一册，讲解了大数据系统运行维护过程中的各个主要阶段及其任务，包括配置管理、系统管理、故障管理、性能管理、安全管理、高可用性管理、应用变更管理、升级管理及服务资源管理，内容全面且翔实，兼具基础理论知识与运维实践经验，特别是重点介绍了大数据系统的运维特点及运维技能，以保障大数据系统的稳定可靠运行，更好地支撑大数据的商业应用价值。

　　本书具有很强的系统性和实践指导性，可以作为培养应用型人才的课程教材，也同样适合于有意从事IT 系统运维工作的广大从业者和爱好者作为参考书。

图书在版编目（CIP）数据

大数据系统运维/姜才康主编. —北京：清华大学出版社，2018（2024.8 重印）
（大数据应用人才培养系列教材）
ISBN 978-7-302-49326-6

Ⅰ.①大… Ⅱ.①姜… Ⅲ.①数据处理-技术培训-教材 Ⅳ.①TP274

中国版本图书馆 CIP 数据核字（2018）第 004244 号

责任编辑：贾小红
封面设计：刘　超
版式设计：魏　远
责任校对：马子杰
责任印制：刘　菲

出版发行：清华大学出版社
　　　　　网　　　址：https://www.tup.com.cn,https://www.wqxuetang.com
　　　　　地　　　址：北京清华大学学研大厦 A 座　　　　邮　　编：100084
　　　　　社 总 机：010-83470000　　　　　　　　　　　邮　　购：010-62786544
　　　　　投稿与读者服务：010-62776969, c-service@tup.tsinghua.edu.cn
　　　　　质 量 反 馈：010-62772015, zhiliang@tup.tsinghua.edu.cn
印 装 者：大厂回族自治县彩虹印刷有限公司
经　　销：全国新华书店
开　　本：185mm×260mm　　　印　　张：13.5　　　字　　数：310 千字
版　　次：2018 年 3 月第 1 版　　　　　　　　　　　印　　次：2024 年 8 月第 10 次印刷
定　　价：48.00 元

产品编号：075142-01

编写委员会

总主编　刘　鹏　张　燕

主　编　姜才康

副主编　陶建辉

参　编　夏志江　朱　辉　何　玮

总　序

短短几年间，大数据就以一日千里的发展速度，快速实现了从概念到落地，直接带动了相关产业的井喷式发展。数据采集、数据存储、数据挖掘、数据分析等大数据技术在越来越多的行业中得到应用，随之而来的就是大数据人才缺口问题的凸显。根据《人民日报》的报道，未来3~5年，中国需要180万数据人才，但目前只有约30万人，人才缺口达到150万之多。

大数据是一门实践性很强的学科，在其金字塔形的人才资源模型中，数据科学家居于塔尖位置，然而该领域对于经验丰富的数据科学家需求相对有限，反而是对大数据底层设计、数据清洗、数据挖掘及大数据安全等相关人才的需求急剧上升，可以说占据了大数据人才需求的80%以上。比如数据清洗、数据挖掘等相关职位，需要源源不断的大量专业人才。

迫切的人才需求直接催热了相应的大数据应用专业。2018 年 1 月 18 日，教育部公布了"大数据技术与应用"专业备案和审批结果，已有 270 所高职院校申报开设"大数据技术与应用"专业，其中共有 208 所职业院校获批了"大数据技术与应用"专业。随着大数据的深入发展，未来几年申请与获批该专业的职业院校数量仍将持续走高。同时，对于国家教育部正式设立的"数据科学与大数据技术"本科新专业，在已获批的 35 所大学之外，2017 年申请院校也高达 263 所。

即使如此，就目前而言，在大数据人才培养和大数据课程建设方面，大部分专科院校仍然处于起步阶段，需要探索的问题还有很多。首先，大数据是个新生事物，懂大数据的老师少之又少，院校缺"人"；其次，院校尚未形成完善的大数据人才培养和课程体系，缺乏"机制"；再次，大数据实验需要为每位学生提供集群计算机，院校缺"机器"；最后，院校没有海量数据，开展大数据教学实验工作缺少"原材料"。

对于注重实操的大数据技术与应用专业专科建设而言，需要重点面向网络爬虫、大数据分析、大数据开发、大数据可视化、大数据运维工程师的工作岗位，帮助学生掌握大数据技术与应用专业必备知识，使其具备大数据采集、存储、清洗、分析、开发及系统维护的专业能力和技能，成为能够服务区域经济的发展型、创新型或复合型技术技能人才。无论是缺"人"、缺"机制"、缺"机器"，还是缺少"原材料"，最终都难以培养出合格的大数据人才。

其实，早在网格计算和云计算兴起时，我国科技工作者就曾遇到过类似的挑战，我有幸参与了这些问题的解决过程。为了解决网格计算问题，我在清华大学读博期间，于2001年创办了中国网格信息中转站网站，每天花几个小时收集和分享有价值的资料给学术界，此后我也多次筹办和主持全国性的网格计算学术会议，进行信息传递与知识分享。2002年，我与其他专家合作的《网格计算》教材正式面世。

2008年，当云计算开始萌芽之时，我创办了中国云计算网站（在各大搜索引擎"云计算"关键词中名列前茅），2010年出版了《云计算（第1版）》、2011年出版了《云计算（第2版）》、2015年出版了《云计算（第3版）》，每一版都花费了大量成本制作并免费分享对应的几十个教学PPT。目前，这些PPT的下载总量达到了几百万次之多。同时，《云计算》一书也成为国内高校的优秀教材，在中国知网公布的高被引图书名单中，《云计算》在自动化和计算机领域排名全国第一。

除了资料分享，在2010年，我们在南京组织了全国高校云计算师资培训班，培养了国内第一批云计算老师，并通过与华为、中兴、360等知名企业合作，输出云计算技术，培养云计算研发人才。这些工作获得了大家的认可与好评，此后我接连担任了工信部云计算研究中心专家、中国云计算专家委员会云存储组组长、中国大数据应用联盟人工智能专家委员会主任等。

近几年，面对日益突出的大数据发展难题，我们也正在尝试使用此前类似的办法去应对这些挑战。为了解决大数据技术资料缺乏和交流不够通透的问题，我们于2013年创办了中国大数据网站，投入大量的人力进行日常维护，该网站目前已经在各大搜索引擎的"大数据"关键词排名中名列前茅；为了解决大数据师资匮乏的问题，我们面向全国院校陆续举办多期大数据师资培训班，致力于解决"缺人"的问题。

2016年年末至今，我们已在南京多次举办全国高校/高职/中职大数据免费培训班，基于《大数据》《大数据实验手册》以及云创大数据提供的大数据实验平台，帮助到场老师们跑通了Hadoop、Spark等多个大数据实验，使他们跨过了"从理论到实践，从知道到用过"的门槛。2017年5月，我们还举办了全国千所高校大数据师资免费讲习班，盛况空前。

其中，为了解决大数据实验难问题而开发的大数据实验平台，正在为越来越多的高校教学科研带来方便，帮助解决"缺机器"与"缺原材料"的问题。2016 年，我带领云创大数据（股票代码：835305）的科研人员，应用 Docker 容器技术，成功开发了 BDRack 大数据实验一体机，它打破了虚拟化技术的性能瓶颈，可以为每一位参加实验的人员虚拟出 Hadoop 集群、Spark 集群、Storm 集群等，自带实验所需数据，并准备了详细的实验手册（包含 42 个大数据实验）、PPT 和实验过程视频，可以开展大数据管理、大数据挖掘等各类实验，并可进行精确营销、信用分析等多种实战演练。

目前，大数据实验平台已经在郑州大学、成都理工大学、金陵科技学院、天津农学院、西京学院、郑州升达经贸管理学院、信阳师范学院、镇江高等职业技术学校等多所院校成功应用，并广受校方好评。同时，该平台以云服务的方式在线提供，实验更是增至 85 个，师生通过自学，可用一个月时间成为大数据实验动手的高手。此外，面对席卷而来的人工智能浪潮，我们团队推出的 AIRack 人工智能实验平台、DeepRack 深度学习一体机以及 dServer 人工智能服务器等系列应用，一举解决了人工智能实验环境搭建困难、缺乏实验指导与实验数据等问题，目前已经在清华大学、南京大学、南京农业大学、西安科技大学等高校投入使用。

在大数据教学中，本科院校的实践教学应更加系统性，偏向新技术的应用，且对工程实践能力要求更高。而高职高专院校及应用型本科则更偏向于技术和技能训练，理论以够用为主，学生将主要从事数据清洗和运维方面的工作。基于此，我们联合多家高职院校专家准备了《云计算导论》《大数据导论》《数据挖掘基础》《R 语言》《数据清洗》《大数据系统运维》《大数据实践》系列教材，帮助解决"机制"欠缺的问题。

此外，我们也将继续在中国大数据和中国云计算等网站免费提供配套 PPT 和其他资料。同时，持续开放大数据实验平台、免费的物联网大数据托管平台万物云和环境大数据免费分享平台环境云，使资源与数据随手可得，让大数据学习变得更加轻松。

在此，特别感谢我的硕士导师谢希仁教授和博士导师李三立院士。谢希仁教授所著的《计算机网络》已经更新到第 7 版，与时俱进日臻完美，时时提醒学生要以这样的标准来写书。李三立院士是留苏博士，为我国计算机事业做出了杰出贡献，曾任国家攀登计划项目首席科学家。

他的严谨治学带出了一大批杰出的学生。

本丛书是集体智慧的结晶，在此谨向付出辛勤劳动的各位作者致敬！书中难免会有不当之处，请读者不吝赐教。

刘　鹏

于南京大数据研究院

2018 年 5 月

前　言

随着信息技术尤其是互联网技术的迅速发展，各种新应用不断渗透到人们的生活中，影响并改变着传统的生活和工作方式。现代社会高度依赖计算机提供的相关服务，人们的一举一动，几乎都在触发计算机的计算，从而直接或者间接产生大量数据。现今，大数据已广为人知，被认为是信息时代的"新石油"。据不完全统计，大数据量呈现出每两年翻倍的爆炸型增长态势，隐藏着巨大的机会和价值，将给社会带来诸多变革和发展，已引起学界、政界以及产业界的广泛关注，各行业已纷纷建立起大数据处理系统，通过对数据的分析和挖据，为经济、社会甚至国防安全等提供帮助。

大数据的"大"包含几个维度：数据量大、种类多、价值密度低和增长速度快等。传统的集中式系统处理方式存在性能不达标、经济成本高等问题，正因为如此，分布式系统成为大数据系统的主流发展方向。谷歌有关 google file system、MapReduce 和 BigTable 的三篇论文公开发表是大数据技术的一个关键引爆点，开启了使用一般性能的服务器搭建大体量数据处理系统的新趋势。

时至今日，大数据技术的生态圈已经越来越庞大，目前比较流行的应用主要是 Hadoop、Spark 和 Elastic Search，绝大多数的大数据系统是基于这三个技术进行开发的，以这些技术为主题的大数据开发书籍也非常普及。但是开发只是系统整个生命周期的一部分，要想系统稳定运行，真正发挥价值，还需要后期的运维管理。根据笔者多年开发和运维的工作经历来看，运维工作也具有很大的挑战性，既要满足业务快速上线，也要保证系统的安全可用，非常强调实践和经验。基于大数据系统的运维工作，还需要考虑其服务器数量多、数据存储量大、开源技术多和新技术稳定性有待提高等特点，一些传统运维工作的服务器管理、备份管理、升级管理和性能调优等工作，都需要针对大数据技术的特点，进行相应的改变与调整。

受清华大学出版社之邀，结合大数据系统的特点，笔者从运维视角进行阐述，编写一本大数据系统运维的教材，希望能弥补这一方面的空白，同时也是对自己工作的总结，为大数据行业的发展尽自己的一点绵薄之力。

本书从运维工作的分类出发，对每种运维工作都进行了由浅入深的介绍。配置管理是整个运维工作的基础和核心，没有配置管理，就如同在复杂的城市道路中行走没有了地图，随时可能迷失方向；同时，在配置管理章节介绍了大数据技术的运维管理工具，掌握这些工具能有效地提高工作效率。系统管理、故障管理、变更管理和升级管理是基础性的，也是日常性的运维工作；安全管理、性能管理、服务资源管理和高可用管理则在运维工作中相对比较高阶，也是比较复杂的内容。系统运维注重标准、流程和制度。本书侧重理论和实践的结合，考虑到以青年学生为主的读者，其对相关概念接触不多，在概念阐述上会占有一定篇幅，帮助读者能更好地理解和融会贯通，若学生对书中的一些名词或术语感到比较陌生，可通过翻阅书后的名词解释进一步理解。同时本书也安排了专门章节来详细介绍运维的关键技术和工具，希望读者能按照课本内容完成相关实验或者练习，达到学用一体的效果。

本书的编写由姜才康、陶建辉、夏志江、朱辉、何玮共同完成，并由姜才康老师进行通审。本书在编写过程中受到刘鹏教授和清华大学出版社王莉编辑的大力支持和悉心指导，也得到中国外汇交易中心领导、同事以及其他老师的支持与帮助，在此深表感谢！虽然在完稿前我们反复审查校对，力求做到内容清晰无误、便于学习理解，但疏漏和不完善之处仍在所难免，恳请读者批评指正，不吝赐教！

姜才康

于中国外汇交易中心

2018 年 2 月

目　录

第 9 章 服务资源管理

附录 A 大数据和人工智能实验环境

附录 B Hadoop 环境要求

附录 C 名词解释

第1章

配置管理

配置管理（CM，Configuration Management）是通过技术或行政手段对软件产品及其开发过程和生命周期进行控制、规范的一系列措施。配置管理的目标是记录软件产品的演化过程，确保软件开发者在软件生命周期中各个阶段都能得到精确的产品配置。

随着软件系统的日益复杂化和用户需求、软件更新的频繁化，配置管理逐渐成为软件生命周期中的重要控制过程，在软件开发过程中扮演着越来越重要的角色。一个好的配置管理过程能覆盖软件开发和维护的各个方面，同时对软件开发过程的宏观管理（即项目管理），也有重要的支持作用。良好的配置管理能使软件开发过程有更好的可预测性，使软件系统具有可重复性，使用户和主管部门对软件质量和开发小组有更强的信心。

ITIL 即 IT 基础架构库（Information Technology Infrastructure Library），由英国政府部门 CCTA（Central Computing and Telecommunications Agency）在 20 世纪 80 年代末制定，现由英国商务部 OGC（Office of Government Commerce）负责管理，主要适用于 IT 服务管理（ITSM）。ITIL 为企业的 IT 服务管理实践提供了一个客观、严谨、可量化的标准和规范。在 ITIL 体系中，配置管理作为一项基础流程支撑着其他 4 项流程（事件管理、问题管理、变更管理和发布管理）。配置项作为配置管理中的基本单元，其颗粒度可以根据具体的实践灵活地细化，既有系统级抽象的配置项，也有由具体的软件或者硬件信息构成的配置项单元。由配置管理数据库（CMDB）统一储存配置项以及不同配置项之间的关联关系。配置管理数据库随着变更管理流程的进行而更新配置项信息，结合发布管理流程，确保配置项信息本身以及各个配置项信息之间的关系反映了当前 IT 基础架构的实际情况。

ITIL 所讲的配置管理是从软件工程管理角度出发的，把一切对象都当作配置，如源代码、文档、人员、服务器甚至硬盘和内存等。ITIL 中的配置管理和传统软件开发的应用程序配置管理有着本质的不同，应用程序配置管理是指通过技术或行政手段对软件产品及其开发过程和生命周期进行控制、规范的一系列措施。配置管理的目标是记录软件产品的演化过程，确保软件开发者在软件生命周期中各个阶段都能得到精确的产品配置。

配置管理一直被认为是 ITIL 服务管理的核心，因为其他所有流程均需要使用配置管理数据库（CMDB）。CMDB 存储与管理企业 IT 架构中设备的各种配置信息，它与所有服务支持和服务交付流程都紧密相联，支持这些流程的运转、发挥配置信息的价值，同时依赖于相关流程保证数据的准确性。在实际的项目中，CMDB 常常被认为是构建其他 ITIL 流程的基础而优先考虑，ITIL 项目的成败与能否成功建立 CMDB 有非常大的关系。

▲ 1.1　配置管理内容

1.1.1　配置管理术语定义

❑ 配置基线：在服务或服务组件的生命周期中，某一时间点被正式指定的配置信息。

❑ 配置项：配置项是指要在配置管理控制下的资产、人力、服务组件或者其他逻辑资源。从整个服务或系统来说，包括硬件、软件、文档、支持人员到单独软件模块或硬件组件（CPU、内存、SSD、硬盘等）。配置项需要有整个生命周期（状态）的管理和追溯（日志）。

❑ 配置项属性：一个配置项就是一个对象，有对象便有属性，属性是一个配置项的具体描述。如服务器这个配置项，可以具体描述为在哪个机房、哪个机柜的哪个位置、现在是否有业务运行、具体谁负责等。配置项和属性可以转换，如 IP 地址，是一个资源对象存在；但是从服务器的角度来说，它又作为一个属性存在，更准确地说是网卡的属性。

❑ 配置管理数据库（CMDB）：用于记录配置项全生命周期属性及配置项之间关系的存储。

❑ 制订配置管理计划：配置管理员制订《配置管理计划》，主要内容包括配置管理软硬件资源、配置项计划、基线计划、交付计划、备份计划等。变更控制委员会（CCB）审批该计划。

❑ 版本控制：在项目开发过程中，绝大部分的配置项都要经过多次的修改才能最终确定下来。对配置项的任何修改都将产生新的版本。由于不能保证新版本一定比老版本"好"，所以不能抛弃老版本。版本控制的目的是按照一定的规则保存配置项的所有版本，避免发生版本丢失或混淆等现象，并且可以快速准确地查找到配置项的任何版本。

一般配置项的状态有 3 种："草稿"、"正式发布"和"正在修改"，本规程制定了配置项状态变迁与版本号的规则。

❑ 变更控制：在项目开发过程中，配置项发生变更几乎是不可避免的。变更控制的目的就是为了防止配置项被随意修改而导致混乱。

修改处于"草稿"状态的配置项不算是"变更"，无须 CCB 的批准，修改者按照版本控制规则执行即可。

当配置项的状态成为"正式发布"，或者被"冻结"后，此时任何人都不能随意修改，必须依据"申请→审批→执行变更→再评审→结束"的规则执行。

❑ 配置审计：为了保证所有人员（包括项目成员、配置管理员和 CCB）都遵守配置管理规范，质量保证人员要定期审计配置管理工作。配置审计是一种"过程质量检查"活动，是质量保证人员的工作职责之一。

配置管理不同于传统的资产管理，具体的区别如表 1-1 所示。

表 1-1 配置管理与资产管理的区别

配 置 管 理	资 产 管 理
提供 IT 环境的逻辑模型，为 ITIL 流程提供数据依据	管理 IT 资产在整个生命周期内的成本及变化情况
相关的 ITIL 流程可以提高服务稳定性和质量	可以降低资产的总体成本，减少采购成本，增加资产的利用率，提供准确的资产规划
配置项是从运维的角度出发，标识的是 IT 部件	资产是基于价值、合同跟踪管理的 IT 部件
如果需要保证某个资产稳定运行，可将其作为配置项管理	如果某个配置项需要跟踪其成本、合同及使用信息，可以作为资产进行管理
维护 CI 项之间的复杂关系，以便进行风险评估	维护资产之间基本的关联关系，如父子关系等

1.1.2 应用软件配置

软件配置管理的最终目标是管理软件产品。由于软件产品是在用户不断变化的需求驱动下不断变化，为了保证对产品有效地进行控制和追踪，配置管理过程不能仅仅对静态的、成形的产品进行管理，更重要的是对动态的、成长的产品进行管理。由此可见，配置管理同软件开发过程紧密相关。配置管理必须紧扣软件开发过程的各个环节，即管理用户所提出的需求，监控其实施，确保用户需求最终落实到产品的各个版本中去，并在产品发行和用户支持等方面提供帮助，响应用户新的需求，推动新的开发周期。通过配置管理过程的控制，用户对软件产品的需求如同普通产品的订单一样，遵循一个严格的流程，经过一条受控的生产流水线，最后形成产品，发售给相应用户。从另一个角度看，在产品开发的不同阶段通常有不同的任务，由不同的角色担当，各个角色职责明确，泾渭分明，但同时又前后衔接，相互协调。

1.1.3　硬件配置

硬件配置管理包括服务器、网络、安全等设备以及电源、机柜等关联的基础设施，也包括与其支撑的应用系统之间的关系。表 1-2 和表 1-3 分别描述了通用应用设备配置项模型示例及与其他配置项的关系。

表 1-2　硬件配置管理模型示例（设备类）

列　　名	COLUMN	数据类型	备　　注
设备编码	ID	integer	主键
设备名	DEVNAME	string	
序列号	SN	string	
资产编码	ASSET_CODE	string	行政部用
采购合同编号	PURCHASE_CONTRACT_NO	reference	关联采购合同
设备类别	CATEGORY	lookup	大类，PC 服务器、小型机、安全设备、机房设备等
设备类型	TYPE	lookup	具体类型，小型机、存储、扩展柜、磁盘阵列、交换机等
环境	ENVIRONMENT	lookup	张江生产、张江模拟、北京灾备、托管机房、张江库存等，第一阶段先录入生产和模拟信息
制造厂商	MANUFACTURE_FACTORY	lookup	
型号	MODELID	string	

续表

列　　名	COLUMN	数据类型	备　　注
其他标号或快速维修编号	MARKID	string	DELL 是快速服务代码，IBM PC SERVER 是 MT 号，IBM 小型机是 TYPE 号
设备负责岗位	MANAGER	string	
购买日期	PURCHASE_DATE	date	
设备价格	PRICE	string	采购价格
维保开始日期	Maintenance_StartDate	date	非必填
维保结束日期	Maintenance_StopDate	date	
维保级别	Maintenance_Level	lookup	
维保厂商	Maintenance_Company	lookup	
维保合同号	Maintenance_ContractNO	reference	关联维保合同
状态	STATUS	lookup	字典里列出可选状态，包括库存、在线、停用、报废等
其他位置	LOCATION2	string	标注非机柜位置，如 ECC、库房
备注	REMARK	string	

表 1-3　硬件配置管理模型示例（设备与其他配置项的关系）

关　　系	关系类型	说明描述
设备-合同	N：1	Contract Contains Device
设备-设备	N：1	Device Attached Device
设备-电源	1：N	Device Uses Power
设备-位置	N：N	Device Uses Location

1. 服务器配置

服务器设备配置管理包括其自身的属性以及其支撑的服务之间的关系管理。表 1-4 描述了服务器设备配置模型示例，表 1-5 描述了服务器与其他配置项的关系。

表 1-4　服务器配置模型示例

列　　名	COLUMN	数据类型	备　　注
服务器名	NAME	string	设备的设备名
微码版本	FIRMWARE	string	
CPU 型号	CPU_TYPE	string	
CPU 核心频率	CPU_FREQUENCY	string	
CPU 物理个数	CPU_NUM	integer	

续表

列　　名	COLUMN	数据类型	备　　注
总物理 CPU 核心数	CPU_CORE_NUM	integer	
内存型号	MEM_TYPE	string	
内存组成	MEM_SIZE	string	格式：1G×2+2G×2，表示容量×数量
内存可用容量	MEM_SIZE	integer	根据组成自动计算
硬盘组成	HARDDISK_CAPACITY	string	格式：146G×2（RAID1）+300G×2（RAID1），表示容量×数量（RAID）
硬盘可用容量	DISK_SIZE	integer	根据组成自动计算
网卡组成	NETWORK_CARD	string	2×1 +4×2，表示口数×块数，不含管理口
光纤卡组成	HBACARD	string	1×2 +2×1，表示口数×块数
状态	STATUS	lookup	设备的状态
备注	REMARK	string	设备的备注

表 1-5　服务器与其他配置项的关系

关　　系	关 系 类 型	说 明 描 述
服务器-主机	1：N	Host DeployedOn Server
服务器-IP	N：N	Server Uses IP
服务器-光纤交换机端口	1：N	FC_Switch_Port Connects Server

2. 网络设备配置

网络设备配置管理包括其自身的属性以及其支撑的服务之间的关系管理。表 1-6 描述了网络设备配置模型示例，表 1-7 描述了网络设备配置与其他配置项的关系。

表 1-6　网络设备配置模型示例

列　　名	COLUMN	数据类型	备　　注
设备名	NAME	string	设备的设备名
管理 IP 地址	Manage_IP_ADDR	string	
所在位置	LOCATION	string	
用途	USAGE	string	
使用区域	ENVIRONMENT	string	
CASE 合同号	CASE_CONTRACT_NO	reference	关联 case 合同
停产日期	STOP_PRODUCT_DATE	string	
服务支持停止时间	SUPPORT_END_DATE	string	

续表

列　　名	COLUMN	数 据 类 型	备　　注
维保级别	SERVICE_LEVEL	lookup	
集成商	INTEGRATOR_NAME	lookup	
生产厂商	MANUFACTURER	lookup	
管理岗位	MANAGER	string	
OS 版本	OS_VERSION	reference	
使用状态	STATUS	lookup	字典里列出可选状态，包括在用在保、在用过保、在用不保、本地库房、异地库房、报废等
备注	REMARK	string	

表 1-7　网络设备与其他配置项的关系

关　　系	关 系 类 型	说 明 描 述
网络设备-交换机接口	1：N	NetDevice Contains Switch_Ports
网络设备-网络设备路由	1：N	Network_Device_Routing RunsOn NetDevice
网络设备-NAT 策略	1：N	NATPolicy DeployedOn NetDevice
路由器-广域网线路	N：1	WAN_Line DeployedOn Router
AS 交换机-局域网接口	1：N	Switch_Ports Connects AS Switch
DS 交换机-局域网接口	1：N	Switch_Ports Connects DS Switch
CS 交换机-局域网接口	1：N	Switch_Ports Connects CS Switch
网络设备-网络设备 OS	N：N	NetDevice Uses NetOS

3. 安全设备配置

安全设备配置管理包括其自身的属性以及其支撑的服务之间的关系管理。表 1-8 描述了安全设备配置模型示例，表 1-9 描述了安全设备与其他配置项的关系。

表 1-8　安全设备配置模型示例

列　　名	COLUMN	数 据 类 型	备　　注
设备名	SDName	reference	设备的设备名
管理地址	MANAGE_IP	string	
管理终端地址	HOST_IP	string	
IOS 版本	IOS_VERSION	string	
Vrid 值	Vrid	string	
模块型号	MODULE_NUM	string	
模块序列号	MODULE_SN	string	

续表

列　　　名	COLUMN	数 据 类 型	备　　注
网管地址	NET_MANAGE_IP	string	
NTP 地址	NTP_IP	string	
日志地址	LOG_IP	string	
审计地址	AUDIT_IP	string	
密码	PWD	string	
接口数量	PORT_NUM	integer	
已建立 TCP 连接超时时间	TCP_ESTED	integer	
握手时 TCP 连接超时时间	TCP_SYN	integer	
关闭时 TCP 连接超时时间	TCP_CLOSING	integer	
UDP 连接超时时间	UDP_TIME	integer	
连接完整性是否启用	SESSION_INTEGRITY	string	
快速连接重用是否启用	SYN_RESET	string	
状态	STATUS	lookup	设备的状态
备注	REMARK	string	设备的备注

表 1-9　安全设备与其他配置项的关系

关　　系	关 系 类 型	说 明 描 述
安全设备-防火墙策略	1：N	FireWallPolicy DeployedOn SecurityDevice
安全设备-安全设备 ETH 口	1：N	SecurityDevice Contains Eth_Ports
安全设备-IP	N：N	SecurityDevice Uses IP

1.2　配置管理方法

　　数据中心在运维过程中，经常要对配置项信息进行新增、删除或者修改操作，以确保 CMDB 中的各个配置项信息都是最新的。利用该配置管理工具将 ITIL 体系中的变更管理流程、发布管理流程与配置管理流程无缝地结合在一起，确保生产运维过程中配置信息的连续性、可用性和实时性。变更实施人在变更实施之前，需要在配置管理工具中的 CMDB 变更流程控制模块下，填妥配置项变更申请表，表中应包含配置项变更原因、变更描述、变更后配置项信息以及与之相关联的服务台变更单号。随后该配置项变更申请表将由相关审核人员进行审核，如果变更申请未被审核人员批准，那么变更实施人员需取消该变更或者重新提交变更申请，如果变更申请通过审核则实施人员在变更时间窗口内实施变更，并在变更实施完毕后，提请相关人员进行变更结果评价。如果该变更被评价为实施成功，则触发配置管理流程，CMDB 管理员依据变更记录表中记录的变更后配置项信息来维护 CMDB 中相关的配置项信息，修改完毕后发布当前正确的配置项集合。如果变更评价显示该变更未成功实施或实施后的结果未被审核人员评价通过，则触发变更回退机制并且相关配置项信息不作更改。

1.2.1 配置流程

配置管理遵循以下原则。

❑ 按照统一的分类原则和属性关系定义构建 CMDB，按照统一的配置管理流程进行配置项的管理，按照统一的配置审核计划进行审核。

❑ 各配置管理员根据统一的配置项分类原则分别识别需要纳入配置管理的配置项，按照统一的配置项分类属性收集相关配置信息，负责维护和更新配置信息。

❑ 各配置管理员负责提供配置项管理情况，由配置流程经理负责编写汇总的报告。

为保证 CMDB 信息的正确性，需要定期及不定期对配置信息进行审核。

❑ 定期审核至少每半年进行一次，将依据内审管理制度及配置审核计划对 CMDB 与实际情况进行审核。

❑ 每年的配置项审核要做到配置项分类全覆盖。

❑ 不定期审核在以下情况发生：重大变更、发布前后；客户、外部监管机构要求；执行连续性计划恢复服务后。

❑ 若在配置审核或日常工作中发现配置项信息与实际情况不一致，应尽快对配置信息进行纠正，纠正的历史信息应可被追溯。

配置基线管理策略如下所示。

❑ CMDB 建立后需要制定首个配置基线。

❑ 制定配置基线的频率：应通过备份的方式，确保变更实施前的相关配置项信息可以被追溯。

❑ 配置基线保留期限一般为一年，可视查询需求调整，配置基线应有备份。配置项权限控制策略如下所示。

❑ CMDB 结构（分类、属性、关系等结构）增删改权限：配置流程经理经部门负责人授权后可以修改 CMDB 的结构。

❑ 配置项信息增删改权限：配置管理员拥有职能范围对应分类的配置项的增删改权限。

软件介质的管理策略如下所示。

❑ 纳入 CMDB 管理的软件类配置项所使用的安装介质，均需集中存放在安全的物理位置中，由专人统一管理。

1．配置管理基本流程

配置管理基本流程包括策划、识别配置项、维护、审核及回顾流程等，如图 1-1 所示。

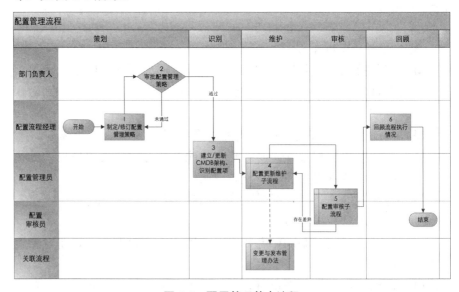

图 1-1　配置管理基本流程

配置管理的流程步骤描述如表 1-10 所示。

表 1-10　配置管理流程步骤描述

步　　骤	输　　入	步　骤　描　述	输　　出
（1）制定/修订配置管理策略	配置管理要求	配置流程经理组织制定或修订配置管理相关定义及策略，包括配置管理的范围、结构规划、审核策略等，并接受部门负责人的审阅确认	配置管理策略
（2）审批配置管理策略	配置管理策略变更申请	部门负责人对配置流程经理提出的配置管理策略新增/修订内容进行审批，审批通过进入下一步骤，否则退回上一步骤重新修订	审批通过的配置管理策略变更申请表

续表

步　　骤	输　　入	步　骤　描　述	输　　出
（3）建立/更新 CMDB 架构、识别配置项	审批通过的配置管理策略	① 配置流程经理负责按照配置管理策略建立（或更新）CMDB 架构； ② 配置管理员在 CMDB 架构之下，搜集需要新增（或更新）的配置项、配置项属性及配置项关联关系等信息	待更新的配置信息
（4）配置更新维护子流程	待更新的配置信息	根据"配置更新维护子流程"对 CMDB 进行更新和维护	更新后的 CMDB
（5）配置审核子流程	配置审核策略	配置流程经理按照"配置审核流程"发起配置审核	配置审核报告
（6）回顾流程执行情况	配置审核报告流程执行效果	配置流程经理依照服务报告管理流程的要求，定期对配置管理流程进行回顾，识别改进机会，编制配置管理报告	配置管理报告

2．配置管理更新维护子流程

配置管理更新维护子流程包括实施与复核，如图 1-2 所示。

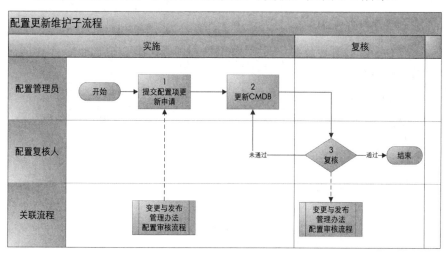

图 1-2　配置管理更新维护子流程

配置更新维护子流程的步骤包括提交配置项更新申请、更新 CMDB 和复核，详细描述如表 1-11 所示。

表 1-11 配置更新维护子流程步骤描述

步　骤	输　入	步骤描述	输　出
（1）提交配置项更新申请	CMDB 配置项变更需求	以下两种情况下可以进行 CMDB 的更新： ① 在变更中主动更新配置项； ② 在配置审核流程或日常工作中如发现 CMDB 中配置项信息错误，或日常工作中需在变更流程管控范围以外新增、修改配置项	变更单中的配置变更信息
（2）更新 CMDB	变更单中的配置变更信息	配置管理员按配置项变更申请内容更新 CMDB	更新的 CMDB
（3）复核	变更单中的配置变更信息或配置项变更申请单	配置复核人对配置管理员更新的 CMDB 进行复核，在确认信息准确之后正式完成 CMDB 更新，其中： ① 如复核通过，将更新结果反馈给配置审核流程或变更管理流程，流程结束； ② 如复核未通过，则回到步骤（2）	复核过的 CMDB

3. 配置审核子流程

配置审核子流程包括发起配置审核、实施审核、得出报告，详细内容如图 1-3 所示。

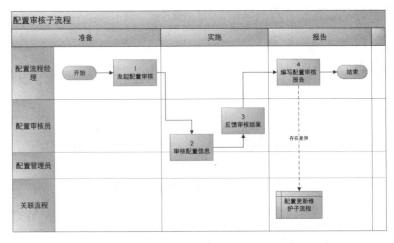

图 1-3 配置审核子流程

配置审核子流程步骤依次包括发起配置审核、审核配置信息、反馈审核结果、编写配置审核报告，详细描述如表 1-12 所示。

表 1-12　配置审核子流程步骤描述

步　　骤	输　　入	步 骤 描 述	输　　出
（1）发起配置审核		配置流程经理组织发起配置审核，制订审核计划，落实本次审核范围和抽样比例，确定配置审核员	配置审核计划
（2）审核配置信息	配置审核计划	① 配置审核员根据审核计划，对 CMDB 配置项属性、关联关系等信息的正确性进行检查，并记录检查结果； ② 配置管理员和各组负责人实际情况配合配置审核员开展审核工作	配置审核结果
（3）反馈审核结果	配置审核结果	配置审核员将审核结果反馈给相关人员进行确认	书面审核结果
（4）编写配置审核报告	书面审核结果	配置流程经理根据审核结果，分析差异原因，提出改进要求，形成配置审核报告，同时要求相关人员按照配置更新维护流程修正配置项信息，并反馈修改结果	配置审核报告

1.2.2　配置自动发现

随着"互联网+"新形势的发展，越来越多的企业步入双态 IT（即稳定态 IT 和敏捷态 IT）时代，信息化环境越来越复杂，企业急需建立一套合适的配置管理库（CMDB），像人类"大脑"一样统一存储从基础架构到业务应用各层面的配置信息，以便协调"身体"（运维系统）各部分完成复杂的运维工作。

CMDB 是运维中最难建设好的部分，是运维人的最痛点。CMDB建设有三大难点：一是配置项识别；二是配置管理模型的创建与维护；三是保证配置数据的持续更新。当前业界主要靠流程控制、人工维护和自动发现解决数据鲜活、准确的问题。流程控制和人工维护都摆脱不了人的参与，这就意味着会"偷懒"、会出错。在这个信息爆炸的大数据时代，再依靠人肉运维，配置管理很难持续。所以，要想数据准确，关键还是要靠自动发现。

1.3 配置管理工具

1.3.1 CMDB 数据库介绍与实践

CMDB 全称 Configuration Management Database，即配置管理数据库。CMDB 存储与管理企业 IT 架构中设备的各种配置信息，它与所有服务支持和服务交付流程都紧密相联，支持这些流程的运转、发挥配置信息的价值，同时依赖于相关流程保证数据的准确性。在实际的项目中，CMDB 常常被认为是构建其他 ITIL 流程的基础而优先考虑，ITIL 项目的成败与是否成功建立 CMDB 有非常大的关系。

由于 CMDB 是 ITIL 流程支持的核心，它需要为 ITIL 其他流程提供 IT 服务及基础架构层面的配置信息，所以只有 CMDB 记录的数据完整，才能准确地反映 IT 服务的真实状态。而所谓 CMDB 的完整，包含了配置管理范围的识别、CI（Configuration Item，配置项）属性的选取和 CI 关系的构建。CMDB 的建设包含以下几个步骤。

1. 确定配置管理的范围

这主要涉及 CI 的宽度和深度，以及 CI 的生命周期。需要说明的是，ITIL 规范认为，CI 的生命周期是从 CI 的接收到最终报废退出的全过程，但在具体实施过程中，由于流程管理主体的差异化，不同项目对 CI 生命周期的划分和定义会有所不同。

在确定 CI 的宽度和深度时，设计者应当从企业 IT 服务的需求、企业 IT 服务管理水平和 CMDB 运营管理成本 3 个方面进行合理规划。具体来说，CMDB 构建应该主要从 IT 服务角度考虑，IT 服务本身也可以作为 CI 记录到 CMDB 中，同时 IT 服务涉及的 IT 基础架构及其相关的重要信息都应记录到 CMDB 中；必须认识到 CMDB 与企业 IT 服务管理水平之间紧密的联动。企业 IT 服务管理水平越高，其对 CMDB 的依赖程度也随之上升，对 CMDB 数据的准确性和完整性要求也越高。同时，企业变更管理的成熟度，包括变更管理范围和流程执行力度也将在很大程度上影响 CMDB 数据的准确性和完整性；成本方面，CI 的颗粒度决定 CMDB 中信息的详细程度，而这些信息的有效维护取决于 IT 部门投入的管理成本。如果无法投入相应资源进行 CMDB 的维护，其数据准确性便无法保证，也无法发挥其应有价值。

CI 生命周期的确定主要包含对以下两个问题的确定。

❑ 什么时候识别 CI 并记录到 CMDB。在标准的配置管理流程中，

CI 全生命周期的理想状态应该覆盖从采购申请到报废退出的过程。但在实际实施时，流程执行主体的管理范围和职责将决定 CI 被识别的时间点。

❑ 什么时候删除 CI 记录。这一时间点同样由流程执行主体的管理范围和职责所决定。例如，对于租赁的 CI，IT 部门并不关心它的报废过程，只关心其在生产环境中的运营状况，因此 CI 被租赁公司更换，则该记录就有可能被标记为删除。而 CI 记录的删除并不是数据的真正删除，而是将其标记为删除，这样做的目的是为 IT 审计提供数据支持。

2. 定义配置项的属性

对于同一类型 CI 属性的定义，不同企业的定义方法可能截然不同。通常情况下，设计者需要遵循一个原则和一套结构。一个原则就是"精而不多"。如果将大量属性纳入 CMDB，那么无疑将加大信息维护的成本。反之，如果属性过少，CMDB 对流程支持的有效性就降低了。所以，所谓"精而不多"就是找到适合自身需求的平衡点。ITIL 专家指出，CI 属性的定义要注重选择的属性是否具备"面向服务的特性"。例如，一台商用服务器可能会包含上百个属性，但实际上经过筛选，对企业有实际意义往往是 CPU 个数、CPU 主频、内存、硬盘、网卡等信息。

一套结构指的是，通常可以把一个 CI 的属性分为五大来源。具体的划分方法如表 1-13 所示。

表 1-13　配置项五大来源

来　　源	举　　例
需要记录的配置项（CI）本身	品牌、型号、所在位置、用途、IP、功率等
IT 资产维护需要	供应商、购买日期、维保信息
IT 服务财务管理需要	成本、收费
IT 服务管理流程需要	性能信息、配置信息、安全等级、容错能力等
配置项（CI）管理需要	管理信息，如配置分类、CI 名称、CI 状态等

3. 构建 CI 之间的关系

CI 关系的定义也是配置管理建设与 IT 资产管理建设的区别之一。一般可以采取两种方法进行 CI 关系的梳理工作，即"自上而下"和"自下而上"的方法。"自上而下"通常要求企业先明确对外提供的服务目录，然后基于服务目录按照"业务服务→IT 服务→IT 系统→IT 组件"的顺序进行梳理；"自下而上"则是逆流而上，先从对内部 IT 组件关系的梳理开始，然后逐步将 IT 组件映射到 IT 服务。

上线后的 CMDB 需要向 ITSM 系统提供准确的配置管理数据，尤其是要做到所记录信息与生产环境的数据保持一致，这就需要建立一套良好的配置管理运作机制。这套机制包含了制定配置管理策略、确定变更/发布与配置之间的流程关系、制定 CMDB 审计流程，以及配置管理的角色安排等工作。流程运作上需保证以下几个步骤的正常运行。

（1）配置管理政策的制定

该政策是企业配置管理的行动指南和共同纲领。它能够帮助企业统一认识，减少不必要的沟通成本，实现流程的高效执行。配置管理政策主要包含宏观政策和运营政策。其中，宏观政策涉及企业或 IT 部门层面指导性、方向性的政策，目标是在企业内部形成统一认识。例如，IT 部门应该使用统一的配置管理流程，并且使用标准的文档记录和汇报机制。

运营政策主要涉及流程目标、人员、输入、输出、活动以及 KPI（关键绩效指标）等要素，以及流程之间相互协调、信息交互方面的指导原则，其目标是使流程能够在政策的指引下稳健、有效地执行。一般而言，包括 CI 的命名规范政策、CMDB 数据保留政策，以及数据备份和恢复政策等。

（2）确定流程间的接口关系

要实现 CMDB 的有效运作，成熟的变更/发布管理流程必不可少。其原因是，这一流程掌握着 CMDB 中数据变更的通行证。变更/发布管理流程与 CMDB 更新之间的关系如下。CMDB 数据的任何变更都应该对应已批准的变更请求单。同时，由变更管理流程将变更信息提供给负责配置管理的相关人员进行 CMDB 数据的更新。其中，CMDB 数据的更新主要包括以下 3 种情况。

❑ CMDB 数据结构的变更。通常发生在因管理需要而重构 CMDB 模型的情况下，例如新增需进行变更控制而未识别的 CI，因服务调整而重新梳理 CI 间的关系等。

❑ 新增或删除 CI。即指对已有 CI 的操作，例如更换或报废设备，新采购标准的配置等。从方便管理的角度出发，IT 服务供应商往往会制定标准配置清单，用户应根据实际关系需求，确定配置清单颗粒细节的符合度。

❑ 修改 CI 的属性。此类变更是针对某 CI 具体属性的操作，例如增加了某服务器 CI 的硬盘容量，就需要对其相应属性进行调整。需要注意的是，CI 属性的变更通常会关联到其他 CI 属性的调整。例如，硬盘 CI 信息变更时，管理员还需要调整服务器 CI 的属性，无疑将会增加数据维护的成本。针对这一问题，建议企业在确定 CI 属性数据时，尽可能地从其他可靠数据源中获取。例如，可以将服务器需要的硬盘容量属性数据通过数据继承关系，从硬盘 CI 本身的属性中获取。

（3）CMDB 审计流程的制定

在确保 CMDB 变更准确性的前提下，变更管理流程的构建需要经历一个持续改进的过程。用户往往会遇到 CMDB 数据仍与实际环境不符的问题，这就需要通过审计流程来进行检查、分析和修订。

CMDB 审计过程中需要注意的是，首次审计一般发生在 CMDB 初始化准备上线之前，此后 CMDB 的全面审计应该定期展开，企业应根据需要设置周期，一般一年至少展开一次。另外，CMDB 还需要进行一些专项审计，从而小范围、细致地核查某类 CI 或某项关键服务所涉及的 CI "账实相符" 的状况。当 CMDB 审计发现数据不符时应尽快查明原因，并通过变更工单提请变更，最终修改 CMDB 数据。CMDB 审计流程应该独立展开，审计员应由监管单位或部分的相关人员担任。

（4）配置管理的角色安排

在政策和流程确立之后，具体的执行还是需要人来推动。因此，就进入了配置管理角色设置的环节。配置管理活动所涉及的角色主要分为以下 4 类，即配置管理流程责任人、配置经理、配置管理员、配置审计员，他们各司其职，共同协助完成 CMDB 的运作任务。其中，配置管理流程责任人需要对整个流程执行的结果负责，并拥有一定的流程管理权力；配置经理主要担当流程开发和管理的角色，重点确保配置信息的准确性和可用性；配置管理员负责维护配置数据，保证提供给 IT 部门的 CMDB 信息总是准确的；配置审计员则主要负责通过审计操作确认配置数据。

1.3.2　自动配置工具

要实现配置自动发现，需要有一个好用的基础采集工具。谈到开源的自动化配置管理工具，就不得不说 Puppet、Chef、Ansible 和 SaltStack 这 4 驾马车。

1．Puppet 介绍与实践

Puppet 是一个优秀的基础设施管理平台。下面将介绍 Puppet 的工作原理，以及它是如何帮助处于各种不同状况的团队增强协作能力，以进行软件开发和发布的——这种工作方式的演变通常被称作 DevOps（开发运维）。

Puppet 是什么？

"Puppet"这个词实际上包括了两层含义：它既代表编写这种代码的语言，也代表对基础设施进行管理的平台。

（1）Puppet 语言

Puppet 是一种简单的建模语言，使用它编写的代码能够对基础设施的管理实现自动化。Puppet 允许对整个系统（称之为节点）所希望达到的最终状态进行简单地描述。这与过程式的脚本有明显的不同：编写过程式的脚本需要读者清楚地知道如何将某个特定的系统转变至某种特定的状态，并且正确地编写所有这些步骤。而使用 Puppet 时，读者不需要了解或指定达到最终状态的步骤，也无须担心因为错误的步骤顺序，或是细微的脚本错误而造成错误的结果。

与过程式的脚本的另一点不同在于，Puppet 的语言能够跨平台运行。Puppet 将状态进行了抽象，而不依赖于具体实现，因此读者就可以专注在自己所关心的那一部分系统，而将实现的细节，例如命令的名称、参数及文件格式等交给 Puppet 自己负责。举例来说，读者可以通过 Puppet 对所有的其他用户以相同的方式进行管理，无论该用户是用 NetInfo 或是/etc/passwd 方式进行存储的。

这种抽象的概念正是 Puppet 功能的关键所在，它允许使用者自由选择最适合他本人的代码对系统进行管理。这意味着团队之间能够更好地进行协作，团队成员也能够对他们所不了解的资源进行管理，这种方式促进了团队共同承担责任的意识。

Puppet 这门建模语言的另一个优势在于：它是可重复的。通常来说，要继续执行脚本文件，必须对系统进行变更。但 Puppet 可以被不断地重复执行，如果系统已经达到了目标状态，Puppet 就会确保停留在该状态上。

（2）资源

Puppet 语言的基础在于对资源的声明。每个资源都定义了系统的一个组件，例如某个必须运行的服务，或是某个必须被安装的包。以下是一些其他类型资源的示例：某个用户账号、某个特定的文件、某个文件夹、某个软件包、某个运行中的服务。

可以将资源想象为构建块，它们将结合在一起，对读者所管理的系统的目标状态进行建模。

Puppet 将类似的资源以类型的方式进行组织。举例来说，用户是一种类型，文件是另一种类型，而服务又是一种类型。当你正确地对某个资源的类型进行描述之后，接下来只需描述该资源所期望的状态即可。

比起传统的写法：“运行这个命令，以启动 XYZ 服务”，你只需简单地表示：“保证 XYZ 处于运行状态”就可以了。

提供者则在一种特定的系统中，使用该系统本身的工具实现各种资源类型。由于类型与提供者的定义被区分开来，因此某个单一的资源类型（例如“包”）就能够管理多种不同的系统中所定义的包。举例来说，你的“包”资源能够管理 Red Hat 系统下的 yum、基于 Debian 的系统下的 dpkg 和 apt，以及 BSD 系统中的端口。

管理员通常来说不大有机会对提供者进行定义，除非管理员打算改变系统的默认值。Puppet 中已经精确地写入了提供者，因此你无须了解如何对运行在基础设施中的各种操作系统或平台进行管理。再次声明，由于 Puppet 将细节进行了抽象，因此读者无须担心各种细节问题。如果你确实需要编写提供者，那也通常能够找到一些简单的 Ruby 代码，其中封装了各种 shell 命令，因此通常非常简短，同时也便于创建。

类型和提供者使得 Puppet 能够运行在各种主流平台上，并且允许 Puppet 不断成长与进化，以支持运算服务器之外的各种平台，例如网络与存储设备。

（3）类、清单与模块

Puppet 语言中的其他元素的主要作用是为资源的声明提供更多的灵活性和便捷性。类在 Puppet 中的作用是切分代码块，将资源组织成较大的配置单元。类的创建与调用可以在不同的地方完成。不同的类集合可以应用在扮演不同角色的节点上。通常将其称之为“节点分类”，这是一项非常强大的能力，它允许你根据节点的能力，而不是根据节点的名称对它们进行管理。这种“别把家畜当宠物”的机器管理方式，得到了许多快速发展的组织的偏爱。

Puppet 语言文件被称为清单，最简单的 Puppet 部署方式就是一个单独的清单文件加上一些资源。如果为以上示例中的基础 Puppet 代码命名为“user-present.pp”文件，那它就成为了一个清单。

模块是一系列类、资源类型、文件和模板的结合，它们以某个特定的目的，并按照某种特定的、可预测的结构组织在一起。模块可以为了各种目的而创建，可以是对 Apache 实例进行完整的配置以搭建一套 Rails 应用程序，也可以为各种其他目的进行创建。通过将各种复杂特性的实现封装在模块中，管理员就能够使用更小、可读性更好的清单文件对模块进行调用。

Puppet 模块的一个巨大优势在于模块的重用性。用户可以自由使用他人编写的模块，并且 Puppet 有一个参与者数量巨大的活跃社区，除了 Puppet Labs 的员工所编写的模块之外，社区成员们也会免费地分享他们所编写的模块。读者能够在 Puppet Forge 上找到超过 3000 个可以免费下载的模块，其中有许多模块是系统管理员工作中最常见的一些任务，因此这些模块能够节约大量的时间。例如，读者可以使用模块进行各种管理任务，包括简单的服务器构建块（NTP、SSH）管理，乃至复杂方案（SQL Server 或 F5）的管理。

类、清单和模块都是纯粹的代码，与组织中所需要的其他任何代码一样，它们能够、也应该被签入到版本控制系统当中，稍后将对这一点展开讨论。

（4）Puppet 平台

完整的 Puppet 解决方案不仅仅是指这门语言。使用者需要在不同的基础设施中部署 Puppet 代码、时不时地对代码及配置进行更新、纠正不恰当的变更，并且时时对系统进行检查，以保证每个环节的正常运行。为了满足这些需求，大多数使用者会在某个主机-代理结构中运行 Puppet 解决方案，由一系列组件所组成。根据不同的需求，使用者可以选择运行一个或多个主机。每个节点上都会安装一个代理，通过一个经过签名的安全连接与主机进行通信。

采取主机-代理这一结构的目的是为了将 Puppet 代码部署在节点上，并长期维护这些节点的配置信息。在对节点进行配置之前，Puppet 会将清单编译为一个目录（catalog），目录是一种静态文档，在其中对系统资源及资源间的关系进行定义。根据节点的工作任务，以及任务的上下文不同，每个目录将对应一个单独的节点。目录定义了节点将如何工作，Puppet 将根据目录的内容对节点进行检查，判断该节点的配置是否正确，并且在需要时应用新的配置。

在读者使用 Puppet 时，是在对自己的基础设施进行建模，正如对代码建模一样。读者能够用像对待代码一样的方式处理 Puppet，或者从更广的意义上说，是对基础设施的配置进行同样的处理。Puppet 代码能够方便地进行保存和重用，能够与运维团队的其他成员，以及其他任何需要对机器进行管理的团队成员进行分享。无论是在笔记本电脑上的开发环境，还是在生产环境上，开发人员和运维人员都能够使用相同的清单对系统进行管理。因此，当代码发布到生产环境时，各种令人不快的打击就会少很多，这将大大改善部署的质量。

将配置作为代码处理，系统管理员就能够为开发人员提供独占的测试环境，开发人员也不再将系统管理员视为碍事的人了。读者甚至可以将 Puppet 代码交付给审计，如今有许多审计都接收 Puppet 清单，以进行一致性验证。这些都能够提升组织的效率，并点燃员工的热情。

最重要的一点或许在于，读者能够将 Puppet 代码签入到某个共享的版本控制工具中，这将为读者的基础设施提供一个可控的历史记录。读者可以实行在软件开发者中十分常见的结对审查实践，让运维团队也能够不断地对配置代码进行改善、变更和测试，直到你有信心将配置提交至生产环境。

由于 Puppet 支持在模拟环境或 noop 模式下运行，读者就可以在应用改动之前预先检查改动会造成的影响。这将大大缓解部署的压力，因为你可以随时选择回滚。

通过在 Puppet 使用中结合版本控制，以及之前所提到的各种优秀实践，许多客户实现了持续集成方面的最高境界，能够更频繁地将代码提交至生产环境，并且产生的错误更少。如果读者能够以更小的增量部署应用，就能够更早、更频繁地获得用户的反馈，它将告诉读者，是否正处在正确的前进方向上。这样就可以避免在经过 6～12 个月开发工作并提交了大量代码之后，却发现它并不符合客户的需要，或是对客户没有吸引力这种悲惨情形的发生了。

客户会选择与开发人员的应用程序代码同步对开发、测试以及生产环境上的配置进行变更，这就让开发者能够在一个非常接近于真实环境，甚至与生产环境完全相同的环境中进行工作。再也不会发生由于在开发与测试环境中的配置的不同，导致应用程序在生产环境上崩溃的情况出现了。

2．Chef 介绍与实践

Chef 是一个全新的开源应用，包括系统集成、配置管理和预配置等功能，由来自华盛顿西雅图的 Opscode 基于 Apache 2.0 许可证发布。Chef 通过定义系统节点、食谱（Cookbook）和程序库来进行工作，食谱用于表达管理任务，而程序库则用于定义和其他，如应用程序、数据库或者像 LDAP 目录一类的系统管理资源等工具之间的交互。

Chef 通过基于 Ruby 的 DSL 来实现，而该 DSL 又是通过 Chef 客户端来进行解释的，并在 Chef 服务器的指导下进行工作。客户端通过 OpenID 向服务器发起认证，然后自动同步必要的资源和程序库。客户端将利用这些资源来逐步配置客户端的节点，这个步骤叫作"收敛（convergence）"。理想情况下，配置可以在一步内完成；如果没有达到目标，系统会稍后再次调用，去向期望的最终状态进行"收敛"。

（1）Chef 简介

Chef 是由 Ruby 开发的服务器的构成管理工具。想象一下现在需要搭建一台 MySQL database slave 服务器，安装过程中手动操作了没过多久，需要第二台；如果之前安装第一台的时候把操作过程执行的命令写成脚本，现在安装第二台，运行一下脚本就行了，节约时间而且不容易出错。Chef 就相当于这样的一个脚本管理工具，但功能要强大得多，可定制性强。Chef 将脚本命令代码化，定制时只需要修改代码，安装的过程就是执行代码的过程。

打个比方，Chef 就像一个制作玩具的工厂，它可以把一些原材料做成漂亮的玩具，它有一些模板，你把原材料放进去，选择一个模板（如怪物史莱克），它就会制造出这个玩具，服务器的配置也是这样，一台还没有配置的服务器，读者给它指定一个模板（role 或 recipe），Chef 就会把它配置成你想要的线上服务器。

这个只是 Chef 的一方面，因为安装好系统后执行一个脚本也可以达到同样的目的，Chef 还有另一方面是脚本达不到的，那就是 Chef 对经过配置的服务器有远程控制的能力，它可以随时对系统进行进一步的配置或修改，就像前面的玩具工厂可以随时改变它的玩具的颜色、大小。你也可以通过手动的方式达到目的，但是当服务器比较多的时候，可能手动的方法就不是那么欢乐了。

（2）Chef 的 3 种管理模式

① Chef-Solo：由一台普通计算机控制所有的服务器，不需要专设一台 chef-server。

② Client-Server：所有的服务器作为 chef-client，统一由 chef-server 进行管理，管理包括安装、配置等工作。chef-server 可以自建，但安装的东西较多，由于使用 solr 作为全文搜索引擎，还需要安装 Java。

③ Opscode Platform：类似于 Client-Server，只是 Server 端不需要自建，而是采用 http://www.opscode.com 提供的 chef-server 服务。

（3）Chef 能做什么

Chef 几乎能做任何事情。由于 Chef 使用类似模板的方法对服务进行配置，大家可能认为它只适合于一些配置比较类似的服务。其实，只要你可以对一台服务器执行命令，你就可以对这台服务器做任何配置。

（4）Chef 工作管理

在 Workstation 上定义各个 Client 应该如何配置自己，然后将这些信息上传到中心服务器，可以分为以下两个方面。

① Chef 利用 Recipe 和 Role 定义出来一些模板，如一个名为 MySQL 的 Role 可能描述怎么配置才能成为一个 MySQL 服务器，利用它的 runlist 里包含的 Role 和 Recipe 实现这种描述；Chef 再指定各个 Client

应用哪些模板。如给 Client1 指定 MySQL 的 Role，实际上只是将 MySQL 的 run_list 里的东西加到 Client1 的 run_list 里。

②　每个 Client 连到中心服务器查看如何配置自己，然后进行自我配置。

- ❑　Client 连到中心服务器查看自己的 run_list 里都有什么东西（Role 和 Recipe），把需要的 Cookbook 传一份过来。
- ❑　把 run_list 里的 Role 展开成 Recipe，就得到一个 Recipe 的列表了。
- ❑　这些 Recipe 都属于哪些 Cookbook，这些 Cookbook 可能就是被传的对象了。
- ❑　Client 把 run_list 里的东西按顺序（重要程度）展开成 Resource（得到一个 Resource 的列表）。
- ❑　Client 按顺序（重要程度）应用这个 Resource 列表来进行自我配置。
- ❑　Provider 负责把这个抽象的 Resource 对应到具体的系统命令。

3. Ansible 介绍与实践

Ansible 是一个 IT 自动化工具。它可以配置系统、开发软件，或者编排高级的 IT 任务，例如持续开发或者零宕机滚动更新。

Ansible 的主要目标是简单易用。它也同样专注安全性和可靠性、最小化的移动部件，使用 Openssh 传输（有加速 socket 模式和同样可用拉取模式），易于人类阅读的语言，使不熟悉编程的人也可以看得懂。

Ansible 适用于管理所有类型的环境，从随手可安装的实例，到企业级别的成千上万个实例都可行。

Ansible 管理机器使用无代理的方式。更新远端服务进程或者因为服务未安装导致的问题在 Ansible 里面从来不会发生。因为 Openssh 是很流行的开源组件，安全问题大大降低了。Ansible 是非中心化的，它依赖于现有的操作系统凭证来访问控制远程机器。如果需要的话，Ansible 可以使用 Kerberos、LDAP 和其他集中式身份验证管理系统。

Ansible 是一个模型驱动的配置管理器，支持多节点发布、远程任务执行。默认使用 SSH 进行远程连接，无须在被管理节点上安装附加软件，可使用各种编程语言进行扩展。

1）Ansible 基本架构

Ansible 基本框架包括如下内容。

- ❑　核心：Ansible。

❑ 核心模块（Core Modules）：Ansible 自带的模块。

❑ 扩展模块（Custom Modules）：如果核心模块不足以完成某种功能，可以添加扩展模块。

❑ 插件（Plugins）：完成模块功能的补充。

❑ 剧本（Playbooks）：Ansible 的任务配置文件，将多个任务定义在剧本中，由 Ansible 自动执行。

❑ 连接插件（Connectior Plugins）：Ansible 基于连接插件连接到各个主机上，虽然 Ansible 是使用 SSH 连接到各个主机的，但是它还支持其他的连接方法，所以需要有连接插件。

❑ 主机群（Host Inventory）：定义 Ansible 管理的主机。

2）Ansible 工作原理

图 1-4 和图 1-5 所示为 Ansible 工作原理图，两张图基本都是在架构图的基础上进行的拓展。

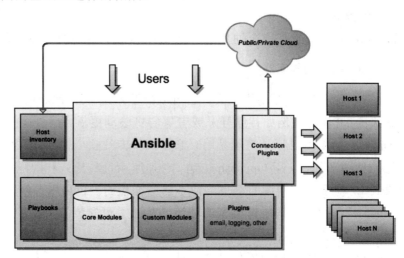

图 1-4　Ansible 工作原理图一

❑ 管理端支持 SSH、ZeroMQ、Local、Kerberos LDAP 等连接被管理端，默认使用基于 SSH 的连接——这部分对应基本架构图中的连接模块。

❑ 可以按应用类型等方式进行 Host Inventory（主机群）分类，管理节点通过各类模块实现相应的操作——单个模块，单条命令的批量执行，可以称之为 ad-hoc。

❑ 管理节点可以通过 Playbooks 实现多个 task 的集合实现一类功能，如 Web 服务的安装部署、数据库服务器的批量备份等。Playbooks 可以简单地理解为，系统通过组合多条 ad-hoc 操作的配置文件。

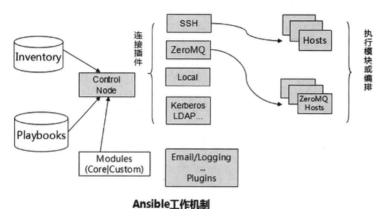

Ansible工作机制

图 1-5 Ansible 工作原理图二

3）Ansible 常用命令

安装完 Ansible 后，发现 Ansible 一共提供了 7 个指令：ansible、ansible-doc、ansible-galaxy、ansible-lint、ansible-playbook、ansible-pull、ansible-vault。这里只查看 usage 部分，详细部分可以通过"指令 –h"的方式获取。

（1）ansible

```
[root@localhost ~]# ansible -h
Usage: ansible <host-pattern> [options]
```

ansible 是指令核心部分，其主要用于执行 ad-hoc 命令，即单条命令。默认后面需要跟主机和选项部分，默认不指定模块时，使用的是 command 模块。不过默认使用的模块是可以在 ansible.cfg 中进行修改的。ansible 命令下的参数部分解释如下。

```
 -a 'Arguments', --args='Arguments' 命令行参数
 -m NAME, --module-name=NAME 执行模块的名字，默认使用 command 模块，所以如果是只执行单一命令可以不用-m 参数
 -i PATH, --inventory=PATH 指定库存主机文件的路径，默认为 /etc/ansible/hosts.
 -u Username, --user=Username 执行用户，使用这个远程用户名而不是当前用户
 -U --sud-user=SUDO_User  sudo 到哪个用户，默认为 root
 -k --ask-pass  登录密码，提示输入 SSH 密码而不是假设基于密钥的验证
 -K --ask-sudo-pass  提示密码使用 sudo
 -s --sudo sudo 运行
 -S --su 用 su 命令
 -l --list 显示所支持的所有模块
 -s --snippet 指定模块显示剧本片段
```

-f --forks=NUM 并行任务数。NUM 被指定为一个整数，默认是 5。#ansible testhosts -a "/sbin/reboot" -f 10 重启 testhosts 组的所有机器，每次重启 10 台

--private-key=PRIVATE_KEY_FILE 私钥路径，使用这个文件来验证连接

-v --verbose 详细信息

all 针对 hosts 定义的所有主机执行

-M MODULE_PATH, --module-path=MODULE_PATH 要执行的模块的路径，默认为/usr/share/ansible/

--list-hosts 只打印有哪些主机会执行这个 playboo 文件，不是实际执行该 playbook 文件

-o --one-line 压缩输出，摘要输出，尝试一切都在一行上输出

-t Directory, --tree=Directory 将内容保存在该输出目录

-B 后台运行超时时间

-P 调查后台程序时间

-T Seconds, --timeout=Seconds 时间，单位秒（s）

-P NUM, --poll=NUM 调查背景工作每隔数秒。需要- b

-c CONNECTION, --connection=CONNECTION 指定建立连接的类型，一般有 SSH、Localhost FILES

--tags=TAGS 只执行指定标签的任务，例子：ansible-playbook test.yml --tags=copy 只执行标签为 copy 的那个任务

--list-hosts 只打印有哪些主机会执行这个 playbook 文件，而不是实际执行该 playbook 文件

--list-tasks 列出所有将被执行的任务

-C, --check 只是测试一下会改变什么内容，不会真正去执行；相反，试图预测一些可能发生的变化

--syntax-check 执行语法检查的剧本，但不执行它

-l SUBSET, --limit=SUBSET 进一步限制所选主机/组模式

--skip-tags=SKIP_TAGS 只运行戏剧和任务不匹配这些值的标签

--skip- tags=copy_start

-e EXTRA_VARS, --extra-vars=EXTRA_VARS 额外的变量设置为键=值或 YAML / JSON

```
#cat update.yml
---
- hosts: {{ hosts }}
  remote_user: {{ user }}
......
#ansible-playbook update.yml --extra-vars "hosts=vipers user=admin"
```

传递{{hosts}}、{{user}}变量，hosts 可以是 IP 或组名

-l,--limit 对指定的主机/组执行任务

（2）ansible-doc

```
# ansible-doc -h
Usage: ansible-doc [options] [module...]
```

该指令用于查看模块信息，常用参数有-l 和-s 两个，具体如下：

```
//列出所有已安装的模块
# ansible-doc   -l
//查看具体某模块的用法，这里如查看 command 模块
# ansible-doc   -s command
```

（3）ansible-galaxy

```
# ansible-galaxy -h
Usage: ansible-galaxy [init|info|install|list|remove] [--help] [options] ...
```

ansible-galaxy 指令用于方便地从 https://galaxy.ansible.com/ 站点下载第三方扩展模块，可以形象地理解其类似于 centos 下的 yum、python 下的 pip 或 easy_install，示例如下：

```
[root@localhost ~]# ansible-galaxy install aeriscloud.docker
- downloading role 'docker', owned by aeriscloud
- downloading role from https://github.com/AerisCloud/ansible- docker/archive/
v1.0.0.tar.gz
- extracting aeriscloud.docker to /etc/ansible/roles/aeriscloud. docker
- aeriscloud.docker was installed successfully
```

这个示例安装了一个 aeriscloud.docker 组件，前面的 aeriscloud 是 galaxy 上创建该模块的用户名，后面对应的是其模块。在实际应用中也可以指定 txt 或 yml 文件进行多个组件的下载安装。这部分可以参看官方文档。

（4）ansible-lint

ansible-lint 是对 playbook 的语法进行检查的一个工具。用法是 ansible-lint playbook.yml。

（5）ansible-playbook

该指令是使用最多的指令，其通过读取 playbook 文件后，执行相应的动作，这个在后面会作为一个重点来讲解。

（6）ansible-pull

该指令使用需要谈到 Ansible 的另一种模式——pull 模式，这和平常经常用的 push 模式刚好相反，其适用于以下场景：读者有数量巨大的机器需要配置，即使使用非常高的线程还是要花费很多时间；读者要在一个没有网络连接的机器上运行 Anisble，如在启动之后安装。

（7）ansible-vault

ansible-vault 主要应用于配置文件中含有敏感信息，又不希望它能被人看到，vault 可以帮读者加密/解密这个配置文件，属高级用法。主要对于 playbooks 里，如涉及配置密码或其他变量的操作时，可以通过

该指令加密，这样通过 cat 看到的会是一个密码串类的文件，编辑的时候需要输入事先设定的密码才能打开。这种 playbook 文件在执行时，需要加上-ask-vault-pass 参数，同样需要输入密码后才能正常执行。该部分具体内容可以参考查看官方博客。

上面 7 个指令，用的最多的只有 ansible 和 ansible-playbook 两个，这两个一定要掌握，其他 5 个属于拓展或高级部分。

4．SaltStack 介绍与实践

SaltStack 管理工具允许管理员对多个操作系统创建一个一致的管理系统，包括 VMware vSphere 环境。

SaltStack 作用于仆从和主拓扑。SaltStack 与特定的命令结合使用可以在一个或多个下属执行。实现这一点，此时 Salt Master 可以发出命令，如 salt '*' cmd.run 'ls -l /'。

除了运行远程命令，SaltStack 允许管理员使用"grain"。grain 可以在 SaltStack 仆从运行远程查询，因此收集仆从的状态信息并允许管理员在一个中央位置存储信息。SaltStack 也可以帮助管理员定义目标系统上的期望状态。这些状态在应用时会用到.sls 文件，其中包含了如何在系统上获得所需状态非常具体的要求。由于它提供了在管理远程系统的灵活性，SaltStack-based 产品迅速获得利益。该功能可以对比由状态管理系统提供的功能，如 Puppet 和 Ansible。SaltStack 很大程度上得益于快速的采用率，它包括一个在管理系统上运行远程命令的有效方式。

SaltStack 采用 C/S 模式，server 端就是 salt 的 master，client 端就是 minion，minion 与 master 之间通过 ZeroMQ 消息队列通信，minion 上线后先与 master 端联系，把自己的 pub key 发过去，这时 master 端通过 salt-key -L 命令就会看到 minion 的 key，接受该 minion-key 后，也就是 master 与 minion 已经互信 master 可以发送任何指令让 minion 执行了，salt 有很多可执行模块，如 cmd 模块，在安装 minion 时已经自带了，它们通常位于用户的 python 库中。

master 下发任务匹配到 minion 上去，minion 执行模块函数，并返回结果。master 监听 4505 和 4506 端口，4505 对应的是 ZMQ 的 PUB system，用来发送消息，4506 对应的是 REP system，是来接受消息的。

具体步骤如下：

① SaltStack 的 master 与 minion 之间通过 ZeroMQ 进行消息传递，使用了 ZeroMQ 的发布-订阅模式，连接方式包括 tcp、ipc。

② salt 命令将 cmd.run ls 命令从 salt.client.LocalClient.cmd_cli 发布到 master，获取一个 jobid，根据 jobid 获取命令执行结果。

③ master 接收到命令后，将要执行的命令发送给客户端 minion。

④ minion 从消息总线上接收到要处理的命令，交给 minion._handle_aes 处理。

⑤ minion._handle_aes 发起一个本地线程调用 cmdmod 执行 ls 命令。线程执行完 ls 后，调用 minion._return_pub 方法，将执行结果通过消息总线返回给 master。

⑥ master 接收到客户端返回的结果，调用 master._handle_aes 方法，将结果写到文件中。

⑦ salt.client.LocalClient.cmd_cli 通过轮询获取 Job 执行结果，将结果输出到终端。

1.3.3 云时代下的 CMDB

从 CMDB 在国内发展的历程看，随着客户对于 CMDB 认知不断深化，CMDB 已经从传统的资产管理逐步演化到流程协同管理、事件及变更影响分析、云平台资源管理等方面。表 1-14 描述了 CMDB 不同阶段的发展变化。

表 1-14　不同阶段 CMDB 发展

类　　别	第 一 阶 段	第 二 阶 段	第 三 阶 段
模型	偏静态	动态，调整难度适中	动态，调整快速
数据初始化	Excel 导入	自动发现+Excel 导入	自动发现+服务的同时更新了配置库
配置更新	手工	自动+手工	实时更新
配置管理范围	设备	设备+软件	所有 IT 组件及相关的服务
场景	资产管理	配置自动发现、告警分析	配置管理服务化

资源动态变化是云环境下对配置管理最大的挑战，无论对于配置模型还是配置数据的更新都提出了全新要求。在云化时代，CMDB 需要从原有的单一工具转变为一种企业 IT 服务能力，即 CMDB As A Service（以下为了便于叙述，使用云化 CMDB 代替），消费者可以通过网络随时随地获取、维护、管理 CMDB。

1.4　其他运维工具

1.4.1 Ambari

Ambari 跟 Hadoop 等开源软件一样，也是 Apache Software

Foundation 中的一个项目。就 Ambari 的作用来说，就是创建、管理、监视 Hadoop 的集群。

　　Ambari 自身也是一个分布式架构的软件，主要由两部分组成：Ambari Server 和 Ambari Agent。简单来说，用户通过 Ambari Server 通知 Ambari Agent 安装对应的软件；Ambari Agent 会定时地发送各个机器每个软件模块的状态给 Ambari Server，最终这些状态信息会呈现在 Ambari 的 GUI 上，方便用户了解到集群的各种状态，并进行相应的维护。图 1-6 是 Ambari 基本架构。

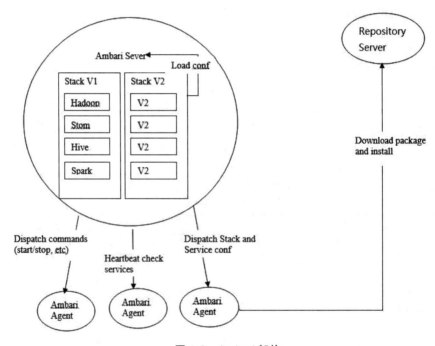

图 1-6　Ambari 架构

　　Ambari Server 会读取 Stack 和 Service 的配置文件。当用 Ambari 创建集群时，Ambari Server 传送 Stack 和 Service 的配置文件以及 Service 生命周期的控制脚本到 Ambari Agent。Ambari Agent 拿到配置文件后，会下载安装公共源里的软件包（Redhat，就是使用 yum 服务）。安装完成后，Ambari Server 会通知 Ambari Agent 去启动 Service。之后 Ambari Server 会定期发送命令到 Ambari Agent 检查 Service 的状态，Ambari Agent 上报给 Ambari Server，并呈现在 Ambari 的 GUI 上。Ambari Server 支持 Rest API，这样可以很容易地扩展和定制化 Ambari。甚至于不用登录 Ambari 的 GUI，只需要在命令行通过 curl 就可以控制 Ambari，以及控制 Hadoop 的 cluster。具体的 API 可以参见 Apache Ambari 的官方网页 API reference。对于安全方面求比较苛刻的环境来说，Ambari

可以支持 Kerberos 认证的 Hadoop 集群。

通过安装部署 Ambari，可以方便地监控以及管理大数据系统集群中的各个服务、模块和机器。

首先进入到 Ambari 的 GUI 页面，并查看 Dashboard。在左侧的 Service 列表中，可以单击一个 Service。以 MapReduce2 为例（Hadoop 这里的版本为 2.6.x，也就是 YARN+HDFS+MapReduce），当单击 MapReduce2 后，就会看到该 Service 的相关信息，如图 1-7 所示。

图 1-7　MapReduce2 的 Service 界面

中间部分是 Service 的模块（Component）信息，也就是该 Service 有哪些模块及其数目。右上角有个 Service Actions 按钮，当单击该按钮后就可以看到很多 Service 的控制命令。也就是通过这些 Service Action 命令，对 Service 进行管理。

下面介绍通过 Ambari 对机器级别进行管理。首先，回到 Ambari 的 Dashboard 页面。单击页面中的 Hosts 标签，就可以看到 Ambari 所管理的机器列表，如图 1-8 所示。

	Name	IP Address	Rack	Cores	RAM
☐ ⊘	ed10-abdtoy.nn5kgugl3e1up...	10.0.0.11	/default-rack	4 (4)	13.69GB
☐ ⊘	hn0-abdtoy.nn5kgugl3e1upo...	❶ 📷 10.0.0.20	/default-rack	4 (4)	27.48GB
☐ ⊘	hn1-abdtoy.nn5kgugl3e1upo...	📷 10.0.0.18	/default-rack	4 (4)	27.48GB
☐ ⊘	wn0-abdtoy.nn5kgugl3e1upo...	10.0.0.10	/default-rack	8 (8)	27.48GB

图 1-8　Ambari 的机器列表界面

图片中红色的数字是警告信息（Ambari Alert）。先看左上角的 Actions，单击这个按钮，就可以看到 Host level Action 的选项了，其实和 Service Level 是类似的，只是执行的范围不一样。当用户选择 All Hosts→Hosts→Start All Components 选项时，Ambari 就会将所有 Service 的所有模块启动。

1.4.2　CLI工具

命令行界面（CLI，Command Line Interface）是提供人机交互的有效手段。在计算机诞生之初，并没有图形化界面（GUI，Graphical User Interface），人机交互只能依赖于命令输入，操控计算机需要较长时间的学习成本，只有专业人士才能参与。随着苹果公司和微软推出了图形化界面，人机交互的难度降低，普通的计算机用户不需要再去学习复杂的命令，通过鼠标单击也可以操控计算机。如今更是流行了触摸方式进行操控，直接在屏幕上用手指点击拖曳，连儿童都能快速掌握。

但是在运维管理方面，CLI并不能被GUI替代，这主要是基于两方面考虑：可控性和效率。通过GUI完成的操作，虽然易于学习，但是在复制方面存在不确定性，当有一个操作需要在多个环境或者不同时间执行时，如部署或者查问题，如果是通过CLI输入命令来执行，可以完全保证一致性，但如果通过GUI来执行，出现不一致的可能性会增加。另外，当一项工作如部署环境，包含多条指令，需要在多台服务器上执行，通过将命令集合成脚本，再将脚本分发到多台服务器上执行，可以较高效率地完成工作。

正是因为如此，不管是OS如Linux或Windows，系统软件Oracle或者WebLogic，或者应用软件一般都会提供GUI和CLI两种方式，GUI用于直观地监控或者操作，CLI用于批量命令执行或者严格规定操作步骤的执行。具体如图1-9所示。

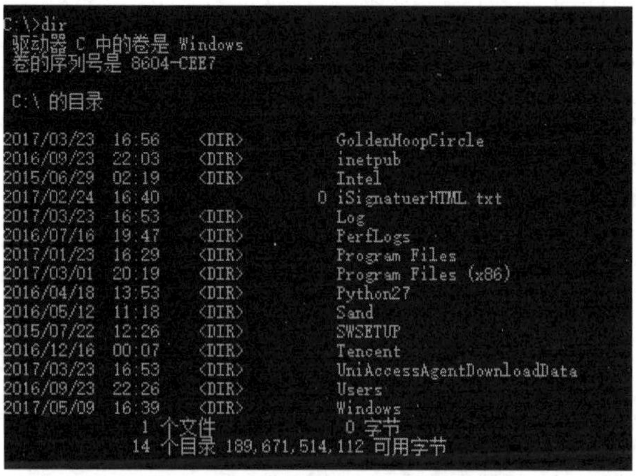

图 1-9　Windows 命令行界面

下面重点介绍一下Linux命令行界面相关的工具，大多数开源软件都在Linux上运行，可接受的命令也都是类似Linux。

操作人员首先可以通过SecureCRT或者Putty等连接软件连接到服

务器，以 SecureCRT 为例，连接时指定连接协议、主机名、端口号、用
户名或者密码，如图 1-10 所示。

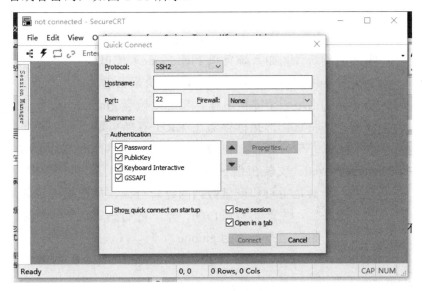

图 1-10 SecureCRT 连接 Linux

在 Linux 上，常用的排查故障的主要命令如表 1-15 所示。

表 1-15 CLI 主要命令

命 令	作 用
diff	比较文件的差异
grep 或者 egrep	正则表达式过滤文件中的关键字
find	查找文件
sed	通过正则表达式修改文件内容
df，du	查看文件系统
free	查看内存
ps	查看进程
top	查看 CPU、内存、进程等整体性能情况
netstat	查看网络连接情况
telnet，ping，traceroute	跟踪网络连接情况

1.4.3 Ganglia

Ganglia 是 UC Berkeley 发起的一个开源监视项目，用于测量海量
节点。每台计算机都运行一个收集和发送度量数据的名为 gmond 的守
护进程。它将从操作系统和指定主机中收集。接收所有度量数据的主机
可以显示这些数据并且可以将这些数据的精简表单传递到层次结构中。
gmond 带来的系统负载非常少，这使得它成为在集群中各台计算机上运

行的一段代码，而不会影响用户性能。

Ganglia 监控套件包括 3 个主要部分：gmond、gmetad 和网页接口（通常被称为 ganglia-web）。

❑ gmond：是一个守护进程，运行在每一个需要监测的节点上，收集监测统计，如系统负载（load_one）、CPU 利用率。它同时也会发送用户通过添加 C/Python 模块来自定义的指标。

❑ gmetad：也是一个守护进程，它定期检查 gmond，从那里拉取数据，并将它们的指标存储在 RRD 存储引擎中。它可以查询多个集群并聚合指标，也被用于生成用户界面的 Web 前端。

❑ ganglia-Web：安装在有 gmetad 运行的机器上，以便读取 RRD 文件。集群是主机和度量数据的逻辑分组，如数据库服务器，网页服务器，生产、测试、QA 等，它们都是完全分开的，需要为每个集群运行单独的 gmond 实例。

一般来说，每个集群需要一个接收的 gmond，每个网站需要一个 gmetad。

Ganglia 的详细介绍可见本书性能管理部分的内容。

1.4.4　Cloudera Manager

Cloudera Manager 是一个 Hadoop 集群的综合管理平台，对 Cloudera Distribution Hadoop（简称 CDH）的每个部件都提供了细粒度的可视化和控制。

Cloudera Manager 主要有以下功能。

❑ 自动化 Hadoop 安装过程，缩短部署时间。

❑ 提供实时的集群概况，例如节点、服务的运行状况。

❑ 提供了集中的中央控制台对集群的配置进行更改。

❑ 包含全面的报告和诊断工具，帮助优化性能和利用率。

Cloudera Manager 的架构如图 1-11 所示，主要由如下几部分组成。

❑ 服务端（/Server）：Cloudera Manager 的核心。主要用于管理 Web Server 和应用逻辑。它用于安装软件，配置、开始和停止服务，以及管理服务运行的集群。

❑ 代理（/Agent）：安装在每台主机上。它负责启动和停止的进程，部署配置，触发安装和监控主机。

❑ 数据库（/Database）：存储配置和监控信息。通常可以在一个或多个数据库服务器上运行多个逻辑数据库。例如，所述的 Cloudera 管理器服务和监视后台程序使用不同的逻辑数据库。

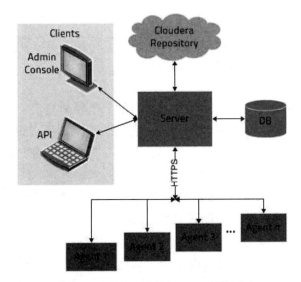

图 1-11　Cloudera Manager 架构图

- ❑ Cloudera Repository：Cloudera 软件仓库。其用于软件分发。
- ❑ 客户端（/Clients）：提供了一个与 Server 交互的接口。
  - ☑ 管理平台（/Admin Console）：提供一个管理员管理集群和 Cloudera Manager 的基于网页的交互界面。
  - ☑ API：为开发者提供了创造自定义 Cloudera Manager 程序的 API。

Cloudera Manager 提供了许多监控功能，用于监测群集（主机、服务守护进程）健康、组件性能以及集群中运行的作业的性能和资源需求。具体包括以下监控功能。

（1）服务监控

查看服务和角色实例级别健康检查的结果，并通过图表显示，有助于诊断问题。如果健康检查发现某个组件的状态需要特别关注甚至已经出现问题，系统会对管理员应该采取的行动提出建议。同时，系统管理员还可以查看服务或角色上操作的执行历史，也可以查看配置更改的审计日志。

（2）主机监控

监控群集内所有主机的有关信息，包括：哪些主机上线或下线，主机上目前消耗的内存，主机上运行的角色实例分配，不同的机架上的主机分配等。汇总视图中显示了所有主机群集，并且可以进一步查看单个主机丰富的细节，包括显示主机关键指标的直观图表。

（3）行为监控

Cloudera Manager 提供了列表以及图表的方式来查看集群上进行的活动，不仅显示当前正在执行的任务行为，还可以通过仪表盘查看历史活动。同时提供了各个作业所使用资源的许多统计,系统管理员可以通过比较相似任务的不同性能数据,以及比较查看同一任务中不同执行的性能数据来诊断性能问题或行为问题。

(4)事件活动

监控界面可以查看事件,并使它们用于报警和搜索,使得系统管理员可以深入了解发生在集群范围内所有相关事件的历史记录。系统管理员可以通过时间范围、服务、主机、关键字等字段信息过滤事件。

(5)报警

通过配置 Cloudera Manager 可以对指定的事件产生警报。系统通过管理员可以针对关键事件配置其报警阈值、启用或禁用报警等,并通过电子邮件或者通过 SNMP 的事件得到指定的警报通知。系统也可以暂时抑制报警事件,此限制可以基于个人角色、服务、主机,甚至整个集群配置,使得进行系统维护/故障排除时不会产生过多的警报流量。

(6)审计事件

Cloudera Manager 记录了有关服务、角色和主机的生命周期的事件,如创建角色或服务、修改角色或服务配置、退役主机和运行 Cloudera Manager 管理服务命令等。系统管理员可以通过管理员终端进行查看,界面提供了按时间范围、服务、主机、关键字等字段信息来过滤审计事件条目。

(7)可视化的时间序列数据图表

系统管理员可以通过搜索度量数据,系统将根据指定规则创建数据、组(方面)数据的图表,并把这些图表保存到用户自定义的仪表板。

(8)日志

可结合上下文查看系统日志。例如,监控服务时,可以轻松地单击一个链接,查看相关的特定服务的日志条目。如查看关于用户的活动信息,可以方便地查看作业运行时所在主机上发生的相关日志条目。

(9)报告

Cloudera Manager 可以将收集到的历史监控数据统计生成报表,如按目录查看集群作业活动的用户、按组或作业 ID 查看有关用户的磁盘利用率,用户组的历史信息等。这些报告可以根据选定的时间段(每小时、每天、每周等)汇总数据,并可以导出为 XLS 或 CSV 文件。同时系统管理员还可以管理搜索和配额等 HDFS 目录设置。

Cloudera Manager 提供多达 102 类监控指标,覆盖所有的服务及功能,包括集群硬件使用情况(网络、CPU、内存以及硬盘等)、服务状态等,同时指标按集群级别、主机级别、用户级别以及表/目录级别等分级统计,总指标项上万个,例如,集群指标超过 3000 个、HBase 系统级指标超过 1000 个、HDFS 系统级指标超过 300 个等，相关监控指标分别如表 1-16～表 1-18 所示。

表 1-16　HDFS 监控指标

监　控　项	监控项描述	单　位	级　别
CPU 占用率	CPU 平均占用率	%	系统级/节点级
内存占用率	内存平均占用率	%	系统级/节点级
系统空间	总空间	MB	系统级/节点级
已用空间	已用空间	MB	系统级/节点级
可用空间	剩余空间	MB	系统级/节点级
空间使用率	已用空间与系统空间的比值	%	系统级/节点级
读流量	统计周期内读流量统计	MB	系统级/节点级
写流量	统计周期内写流量统计	MB	系统级/节点级
读 IOPS	每秒进行读（I/O）操作的次数	个/s	系统级/节点级
写 IOPS	每秒进行写（I/O）操作的次数	个/s	系统级/节点级

表 1-17　MapReduce 监控指标

监　控　项	单　位	级　别
提交作业数	个	系统级
完成作业数	个	系统级
失败作业数	个	系统级
正在运行的作业数	个	系统级
Map 总任务数	个	系统级
Reduce 总任务数	个	系统级
Map 任务完成数	个	系统级
Reduce 任务完成数	个	系统级
正在执行的 Map 任务数	个	系统级
正在执行的 Reduce 任务数	个	系统级
平均 Map 任务执行时间	秒	系统级
平均 Reduce 任务执行时间	秒	系统级
最小 Map 任务执行时间	秒	系统级
最小 Reduce 任务执行时间	秒	系统级
最大 Map 任务执行时间	秒	系统级
最大 Reduce 任务执行时间	秒	系统级
Map 任务执行失败数	个	系统级
Reduce 任务执行失败数	个	系统级
Map 任务执行成功数	个	系统级
Reduce 任务执行成功数	个	系统级

表 1-18　HBase 监控指标

监　控　项	单　位	级　别
压缩合并队列长度	个	系统级
请求时延 10 毫秒次数	次	系统级
请求时延 2000 毫秒次数	次	系统级
请求时延 2000 毫秒以上次数	次	系统级
读 I/O 次数	次	节点级
写 I/O 次数	次	节点级
I/O 次数	次	节点级

1.4.5　其他工具

在排查故障的过程中，以下工具也能提供帮助。

（1）文件传输

使用文件传输工具，如 scp 命令或 ftp 命令，FileZilla、WinSCP 软件等负责文件的上传和下载。

（2）网络抓包和分析

在排查网络问题时，抓包是最有效率的排查方式，Linux 上的 tcpdump 和 Windows 平台的 wireshark 是比较流行的抓包分析工具。

（3）日志分析

日志是排查故障的最重要依据，日志一般情况下都是有一定格式的记录，如 Web 的访问日志一般格式是时间、源 IP、访问方法、URL、端口、状态码、大小、响应时间等。

利用日志分析工具可以方便地提取日志中的有效信息，对性能和故障点做深入分析。当日志量较多时，也可以借助日志分析平台，如 ELK 或者 SPLUNK。有趣的是，ELK 和 SPLUNK 自身也是一种大数据处理系统。

（4）批量执行命令

在定位到故障之后，需要尽快修复，如果故障涉及的服务器数量比较多，可以借助批量执行命令的工具 Ansible 完成此项工作。

（5）Dump 分析

在进程故障退出之后，可能会生成 thread dump 或者 heap dump，dump 文件是比日志还要详细的数据，记载了程序运行时的各种信息，可以通过 dump 分析工具对 dump 文件进行进一步分析。

1.5　作业与练习

一、填空题

1．CMDB 的全称是＿＿＿＿＿＿＿＿＿＿＿＿＿＿＿＿＿＿＿＿。

2．＿＿＿＿＿＿是为了保证所有人员（包括项目成员、配置管理员和 CCB）都遵守配置管理规范，质量保证人员要定期审计配置管理工作。配置审计是一种＿＿＿＿＿＿＿＿＿＿＿＿活动，是质量保证人员的工作职责之一。

3．配置管理工作包括＿＿＿＿、＿＿＿＿、＿＿＿＿、＿＿＿＿。

二、问答题

1．CMDB 经历了几个阶段的发展？

2．配置管理和资产管理有什么区别？

3．云时代的 CMDB 有什么特征？

4．请简要设计你所理解的配置管理模型。

参考文献

[1] SaltStack[EB/OL]．http://baiku.baidu.com．

第 2 章

系统管理及日常巡检

  IT 系统管理就是优化 IT 部门的各类管理流程，保证能够按照一定的服务级别为业务部门或客户提供高质量、低成本的 IT 服务。尽管系统管理及运维主要涉及系统管理对象、内容、工具及流程制度等方面的内容，但大数据系统由于其固有的数据量大、机器规模大、分布式架构及并行计算等特点，相应地，有别于传统运维，大数据系统的运维管理须通过自动化手段取代大量重复性、简单手工操作进行资源统一调配及管理，提升系统运维可靠性；通过提供弹性的灵活可配置的服务与计算，提升 IT 资源利用率；通过构建一套规范化的完善运维体系，体现出服务生命周期的管理要求。

2.1 系统建设

  近年来，大数据的相关技术日渐成熟，在实际业务场景中的运用也逐渐深入，越来越受到科技界、企业界甚至世界各国政府的高度关注，"大数据时代"已然到来。与传统的数据处理和数据分析不同，大数据的特征具有 5 个 V：Volume、Velocity、Variety、Veracity、Value，分别指数据量大、数据流速度快、数据类型多、数据真实性的存疑、数据价值。为了应对这些挑战，Google、Facebook、Microsoft 等一大批公司根据自身不同的业务需求，建设了各种不同的大数据系统框架。同时，依托新型大数据处理系统，大数据分析技术诸如深度学习、可视化机器计算、实时流处理等，也在飞速发展，开始在各个行业和领域得到广泛应用。一般来说，大数据系统应该具有以下 4 个特点。

❑ 弹性容量。大数据最显著的特征是体量大，增长快，这就要求大数据的存储系统具备容量大、易扩展的弹性容量。

❑ 高性能。大数据的另一大特征是高速，这就要求大数据系统能够快速吞吐数据，具有较高的响应速度。

❑ 集成化。由于大数据来源广泛，加上需要访问各种类型的数据，且数据的处理和分析方式各有不同，所以大数据系统要有集成化的数据接口。

❑ 自动化。大数据的处理流程、处理方式比较复杂，使得人为地维护大数据系统变得不太可能。这就要求大数据系统进行自动化管理。

2.1.1 技术方案

一般来说，大数据系统都具有如图 2-1 所示的架构模式。

图 2-1 大数据系统架构

❑ 数据收集/存储层：主要包括两个部分，一是收集实时数据或已有的存储数据（包括非结构化的数据和结构化的数据），二是对这些数据进行存储，通常都是采用分布式文件系统，可供海量数据高吞吐访问（查询、检索等），同时具有良好的容错性。

❑ 资源管理层：为上层应用提供统一的资源管理和资源调度，以便提高资源利用率。具体来说，包括资源管理器和任务管理器两种，资源管理器管理跨应用程序的资源使用，任务管理器负责管理任务的执行。

❑ 数据计算层：是大数据系统的核心，决定了整个系统的性能。计算层通过资源管理层来获取计算所需的资源，进行并行计算。计算层的结构取决于编程模型，但一般都包括 Map（映射）和 Reduce（归约）两个部分，具体操作是：通过映射，分发针对大数据集的大规模操作，再进行并行计算，接着通过归约，周期性反馈每个节点的工作和最新状态。

❑ 业务系统层：主要是根据具体的业务逻辑对大数据计算分析出的结果进行展示，服务于具体的业务需求。

根据不同类型的源数据和不同行业自身的业务具体需求，大数据系统的具体技术方案也不同。目前，大数据系统主要的应用场景和典型的大数据系统技术方案有以下 3 种。

1．静态数据的批量处理：Hadoop

静态数据存储在硬盘中，极少更新并且存储时间长，数据量非常大，涉及核心业务数据但价值密度较低。典型的场景诸如搜索引擎抓取的数据、电子商务交易数据、气象地理数据、医疗卫生数据等。这些数据往往体量超过 PB（1024TB）级别，需要利用大数据系统进行分析、整合，从中提取出有价值的信息。同时，静态数据的大批量处理需要的时间很长，占用的资源较多，比较适合进行流程相对比较成熟的数据分析和处理。

Hadoop 用于批量处理大规模的静态数据，由 Apache 基金会开发，是开源的分布式系统基础架构。系统运行效率得到大幅提高的原因就在于实现了大规模并行计算。Hadoop 主要由 HDFS、YARN、MapReduce 这 3 部分组成。数据收集/存储层存储静态数据，资源管理平台调度资源，数据计算层把计算逻辑分配到各个数据节点，进行数据计算。Hadoop 非常适合大型企业的大型计算，因此得到了广泛的推广，是最流行、最成熟的大数据框架。以 Hadoop 为基础建立了很多相关开源的项目，形成了良好的 Hadoop 生态圈，为 Hadoop 提供了大量有用的功能增强组件。

2．流式数据的实时处理：Storm

流式数据的本质是一个无穷的数据序列，由于来源众多复杂，序列中的数据格式可以差异非常大。流式数据一般都具有时序性。典型的场景诸如 Web 数据采集、社交动态数据、智能交通数据、物联网传感器数据、银行流水数据、交易市场交易数据等。即便流式数据会根据不同场景体现不一样的细节特征，但大多数流式数据都具有共性：连续的数据流、复杂的来源、各异的数据格式、不统一的顺序、较低的数据价值密度。

对于流式数据的实时处理，Storm 是最典型的框架。Storm 是一个开源的实时数据处理框架，如图 2-2 所示，与 Hodoop 异曲同工。利用 Kafka 对流式数据进行收集，通过 YARN 进行资源调配，最后利用 Storm 将处理结果分发至不同类型的组件。Storm 集群大幅降低了并行批处理与实时处理的复杂程度，原理是：Spout 组件先处理输入流，再将数据传输给 Bolt 组件，Bolt 组件再以指定的方式处理。通过这个流程，可以把 Storm 集群卡看作 Bolt 组件组成的拓扑（Topology），一个 Storm

作业只需实现一个链，就可以满足绝大部分的流式作业需求。

图 2-2　Storm 架构

3．交互式数据：Spark

交互式数据是系统与管理员交互产生的数据，具体表现为：操作人员以对话的方式提出数据请求，系统自动提示数据信息，引导操作人员直到获得最后处理结果。典型的场景诸如数据钻取、基于 OLAP 的商务智能、互联网应用的人机交互数据等。交互式数据存储在系统中，能够被及时处理修改，同时，处理结果可以立刻被使用。交互式数据处理方式的优点在于保证及时处理信息，从而确保交互方式的连贯性，然而在高频次的交互场景下，这种数据类型也变得更加多样，此时传统的数据库就无法响应实时性需求，需要 NoSQL 类型的数据库加以补充。

2.1.2　部署实施

针对不同的源数据和业务需求，需要部署不同的技术框架。而 Hadoop 是其中最受欢迎、最成熟、应用最广的大数据系统架构，其他的大数据架构很多都是基于 Hadoop 进行扩展和优化，因此本节主要介绍 Hadoop 架构的部署实施。

Hadoop 由 Apache 基金会开源发布并维护。原生的 Hadoop 架构存在版本管理混乱、兼容性差、安全性低、升级复杂、部署烦琐等问题，不太适合企业级应用。基于原生的 Hadoop 框架，很多公司推出了面向企业的 Hadoop 发行版，这些版本提高了稳定性，强化了部分功能，实现了定制化，适合企业大规模部署。目前主流的 Hadoop 发行商有 Cloudera 和 Hortonworks。

Cloudera 公司是最早将 Hadoop 商业化的公司，推出了 Hadoop 发行版 CDH（Cloudera Distribution Hadoop），增强了 Hadoop 的核心与内部开发的插件技术，例如基于 Hadoop 的 ImpalaSQL 查询引擎，CDH 完全开源，同时 Cloudera 公司还提供 CDH 商业版，增强了部分功能并提供服务支持。

Hortonworks 是完全开源 Apache Hadoop 的独家供应商。Hortonworks 推出了发行版 HDP（Hortonworks Data Platform），HDP 基于 Apache HCatalog 的基础数据服务特性进行开发及应用。除了常规的 HDFS 和 MapReduce 组件，HDP 还包括了 Ambari，用来提供端到端的管理，值得一提的是，Ambari 的 Web 界面在部署操作集群方面操作性很高。

因此，本节之后的安装部署主要介绍 Hadoop 发行版 HDP。一般来说，安装部署 HDP 需要经过以下步骤。

① 确定主机的系统环境、硬件条件满足 Hadoop 框架的要求（具体要求见附录 B）。

② 对系统的环境进行配置：

❑ 安装配置时间同步服务。

❑ 安装配置 SSH 无密码访问。

❑ 配置 Linux 访问。

③ 下载安装 Ambari。

④ 配置 Ambari。

⑤ 在 Ambari 的 Web 界面中配置集群。

安装步骤和 shell 命令如下（系统环境基于 64 位 Linux Ubuntu 16.04 LTS）。

1．安装和配置时间同步服务

网络时间协议（NTP，Network Time Protocol）用来同步网络内每个服务器的时间。

（1）在每个主机中安装 NTP

在 ubuntu 16.04 中，执行命令：

```
apt install ntp
```

在 RHEL/CentOS/Oracle 中，执行命令：

```
yum install -y ntp
```

（2）启动 NTP 服务

在 ubuntu 中，执行命令：

```
/etc/init.d/ntp start
```

在 RHEL/CentOS/Oracle 6 中，执行命令：

```
service ntp start
```

在 RHEL/CentOS/Oracle 7 中，执行命令：

```
systemctl start ntpd
```

2．安装和配置 SSH

Hadoop 是通过 SSH 通信的，需要安装 SSH。

（1）安装 openssh-server

```
sudo apt install openssh-server
```

（2）在 server 上配置 SSH 无密码访问

```
ssh-keygen -t rsa        # SSH 生成 RSA 专用密钥
```

直接按 Enter 键采用默认路径，设定空密码并确认，生成两个文件：id_rsa（私钥）和 id_rsa.pub（公钥），执行命令查看：

```
cd ~/.ssh
ls
```

将 id_rsa.pub 追加到 authorized_keys 授权文件中：

```
cat id_rsa.pub >>authorized_keys
```

同时，将 id_rsa.pub 复制到其他目标主机的 root 账户下，路径如下：

```
.ssh/id_rsa.pub
```

确保 server 能连接到其他主机，执行如下命令：

```
ssh root@<remote.target.host>
```

根据不同的 SSH 版本，有可能需要修改.ssh 目录和 authorized_keys 的权限：

```
chmod 700 ~/.ssh
chmod 600 ~/.ssh/authorized_keys
```

3．配置 Linux 访问

（1）开启 http 服务

```
service httpd restart
```

（2）关闭防火墙

```
service iptables stop
```

（3）关闭 SELinux

注意：改配置文件需要重启计算机才能生效。

```
vi /etc/sysconfig/selinux
SELINUX=disabled
setenforce 0
```

4. 下载安装 Ambari

（1）以 root 用户登录

依次执行以下命令：

```
wget -O /etc/apt/sources.list.d/ambari.list http：//public- repo-1.hortonworks.com/
ambari/ubuntu16/2.x/updates/2.5.0.3/ambari.list
apt-key adv --recv-keys --keyserver keyserver.ubuntu.com B9733A7A07513CAD
apt-get update
```

（2）检查安装包是否下载成功

```
apt-cache showpkg ambari-server
apt-cache showpkg ambari-agent
apt-cache showpkg ambari-metrics-assembly
```

（3）安装 Ambari

```
apt install ambari-server
```

默认安装 PostgreSQL Ambari Database。

5. 配置 Ambari

执行命令：

```
ambari-server setup
```

根据提示进行相关的配置。

❏ 提示"Customize user account for ambari-server daemon"，选择 "n"，默认以 root 身份运行。

❏ 提示"Select a JDK version to download"，选择"1"，安装 Oracle JDK 1.8。

❏ 提示"Accept the Oracle JDK license"，选择"yes"。

❏ 提示"Enter advanced database configuration"，选择"n"，使用 默认的 PostgreSQL 数据库（数据库名为 ambari，默认的用户 名为 ambari，密码为 bigdata）。

❏ 提示"Proceed with configuring remote database connection properties"，选择"y"。

6．在 Ambari 中配置集群

（1）开启服务

执行命令：

```
ambari-server start
```

查看运行状态：

```
ambari-server status
```

（2）登录 Ambari

在浏览器中输入地址：

```
http: //<your.ambari.server>：8080
```

其中，<your.ambari.server>是安装 Ambari 的主机的 IP 地址。

在登录界面上输入用户名和密码（默认 admin）。

（3）配置集群

在欢迎页面，选择 Launch Install Wizard，根据安装向导配置集群。

2.1.3 测试验收

测试验收是建设大数据系统的最后一步。交付测试放在开发阶段的单元测试、集成测试和系统测试之后，主要是为了确保系统稳定可靠，以保证正式交付运营。做好大数据系统的测试验收需要根据事先制订的测试计划和内容，进行全方位的测试。

1．功能测试

作为一个应用系统，实现既定功能是最基本的要求。功能测试基于实际的业务场景，设计一些大数据系统的测试用例，测试系统是否运转正常。功能测试需要考虑到并全部覆盖系统所用的 API 和功能。

2．性能测试

大数据系统的性能由任务完成时间、数据吞吐量、内存占用率等构成。这些指标从不同维度反映了大数据系统的处理能力、资源利用效率等性能。性能测试通常采用自动化的方式进行，通过性能监控工具来监测系统运行状态和性能指标。除了常规测试，性能测试还应该在不同负载情况下测试系统性能，保证系统的正常负载。

3．可用性测试

高可用性是大数据系统的主要特性之一。因为基于大数据系统的数

据应用业务要求系统长时间无故障地连贯运行，对连续性的要求非常高，需要手动测试。常见的可用性指标包括平均维修时间（MTTR）和平均无故障时间（MTTF）。

4．容错性测试

容错性是大数据系统另一个重要的特性。容错性测试具体指检测系统在异常条件下，以不影响整体性能为前提（同时保证系统继续运行），能否从部分失效中自动恢复。容错性测试的方案视实际使用场景而定，且需要手动测试。

5．稳定性测试

在大数据系统长期运行的过程中，稳定性非常重要。稳定性测试的目的是保证系统长时间正常运行。推荐自动化测试工具，如 10Zone、POSTMAR，测试系统的负载和功能。

2.2 系统管理对象

大数据系统是一个复杂的、提供不同阶段的数据处理功能的系统。本章将大数据系统分为 4 个模块进行说明，包含系统硬件、系统软件、系统数据和 IT 供应商。

2.2.1 系统管理对象

大数据系统可以分为系统硬件基础层、系统软件实施层和系统数据应用层 3 个层级，如图 2-3 所示。

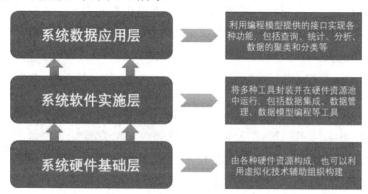

图 2-3　大数据系统架构体系

1．系统硬件基础层

主要由各种硬件资源构成，也可以利用虚拟化技术，辅助组织系统的硬件基础设施。这些资源通过特定的服务级别协定方式供给,系统硬件的资源分配需要满足大数据需求,同时保证最大化系统利用率和以简单化的操作方式提高资源使用效率。

2. 系统软件实施层

系统软件实施层将多种工具封装后,在硬件资源池中一起运行。典型的工具有数据集成、数据管理和数据模型编程等。数据集成是指通过对数据进行预处理后,将从各互相独立的数据源中获取到的不同数据,以统一的形式集成在一起。数据管理是指提供数据的持久存储、高效管理、简化操作的机制和工具。数据模型编程是指对数据进行应用逻辑抽象,为数据分析应用提供便利。

3. 系统数据应用层

利用编程模型提供的接口实现各种功能,同时可以通过组合各种分析方法,定制化开发出不同领域的相关大数据系统应用。

2.2.2 系统软件

传统的数据管理和分析系统软件,以关系型数据为主。这些系统在处理结构化数据时,有着优异的性能,并且关系型数据管理系统可以有垂直式扩展,方法是通过增加硬件数量,但它无法通过并行增加硬件的方法来弥补不足。所以传统关系型数据处理系统在现今大量数据和异构性的情况下,无法有效支持"大数据"的分析处理工作。为了应对这些挑战,我们通常会选择分布式的架构搭建大数据分析系统,部署过程主要可分为以下几部分。

1. 底层操作系统

这里推荐 Linux/UNIX 类的底层操作系统。从确保大数据系统的稳定性角度,需要对磁盘实施 RAID,并且在挂载数据存储节点时,根据实际的需求进行配置。

2. 分布式计算系统架构

面向大数据的分布式计算系统,其架构如图 2-3 所示,往往包含自底向上的多个层次:硬件基础层、软件实施层、数据应用层等。

(1) 硬件基础层

硬件基础层包含数据存储层和资源管理及分布式协调层。数据存储层负责将大规模数据(PB 级甚至更大)以数据块的形式保存在分布式环境中，利用数据本地性实现分布式并行处理。数据存储层一般包括分布式文件系统、分布式数据库、跨数据中心的超级存储系统等。其中，分布式文件系统是其他存储模块的基石，提供了数据冗余备份、分布式存储的自动负载均衡、失效节点检测等分布式存储所需的基础功能。常见的分布式文件系统包括 Google 的 GFS、HDFS、Ceph 等，它们均利用大量商业 PC 来搭建存储集群，实现了存储的横向扩展，并提供目录服务以屏蔽分布式细节。分布式数据库构建于分布式文件系统之上，针对结构化、半结构化的数据采用一定存储格式进行保存，实现高效的增删查改操作。存储格式一般包括行式存储、列式存储、混合式存储等，其中列式存储、混合式存储因其特殊优点被广泛使用。列式存储即按照列对所有记录进行垂直划分，以实现对具体列簇的快速查询。典型例子包括 Google 的 BigTable、Dremel，开源的 HBase 等。混合式存储方案包括 RCFile、ORCFile、Parquet 等，它融合了行式存储和列式存储各自的优点，在保证同一记录的所有字段在同一节点的同时，又支持对特定列的快速读取。跨数据中心的超级存储系统的典型例子 Google 的 Spanner，它可以将海量数据自动部署到全球数百个数据中心，并通过细粒度的数据备份机制提高数据的可用性及各个数据中心的数据本地性。

　　资源管理及分布式协调层负责将底层众多主机组织成集群，通过虚拟化技术向上层提供分布式节点资源，并为分布式节点提供数据一致性保证。常见的节点资源包括内存、CPU、网络带宽、磁盘 I/O 等。资源管理包括资源监控与资源调度两块内容。资源监控负责从集群内各节点收集和更新资源状态信息，并将其最新状况反映到资源池中，资源池列出了目前可用的系统资源。资源调度负责以一定的调度策略将资源池中的可用资源分配给各个作业，常用的调度策略包括先进先出（FIFO）、公平调度、能力优先调度、低延迟调度等。在大数据系统中，资源调度需要考虑数据本地性（Data Locality）的问题，即将处理任务指派到数据所在的节点进行，而不是反过来，这样能够尽可能地避免不必要的网络传输开销。目前，业界常见的资源管理工具有 Hadoop YARN（Yet Another Resource Negotiator）、Mesos 等。YARN 是本书推荐的一款支持分布式的集群资源管理工具，主要是因为 YARN 的核心构建思想就是将 JobTracker 和 TaskTacker 进行分离，通过全局资源管理器 ResourceManager 的方式大大减小了 JobTracker 的资源消耗，并且让监测每一个 Job 子任务（tasks）状态的程序分布式化了，从而更安全、更优美。分布式协调主要用于解决分布式环境下各个节点间数据的一致性问题，例如当主节点失效时，如何快速从备份机中选出新的主节点；当集群的某个配置项发生改变时，如何通知到被影响的其他节点；集群如何感知有新的节点加入，如此等等。分布式协调的理论基础主要是 Paxos 一致性协议，Paxos 协议解决了一个分布式系统如何就某个值（决议）达成一致的问题。一个典型的场景是，在一个分布式数据库系统中，如果各节点的初始状态一致，每个节点执行相同的操作序列，那么他们最后能得到一个一致的状态。为保证每个节点执行相同的命令序列，需要在每一条指令上执行一个"一致性算法"以保证每个节点看到的指令一致。Paxos 通过分布式节点的相互通信并投票，从而对某个决定达成一致。常见的分布式协调工具包括 Google 研发的 Chubby 锁服务，以及开源的 ZooKeeper 等。ZooKeeper 是本书推荐的一款支持分布式协调管理工具，主要是因为 ZooKeeper 是 Google 的 Chubby 一个开源的实现，以 Fast Paxos 算法为基础，简单易用、性能高效，同时提供配置维护、域名服务、分布式同步、组服务等多样性的系统功能。

（2）软件实施层

软件实施层负责实现大数据的分布式并行处理，主要有批处理、图处理、流处理等几种模式。MapReduce 是常见的批处理框架，它具有很强的可扩展性与容错性，但其缺少对数据处理的进一步抽象。微软的 Dryad 是一种基于有向无环图（DAG）的批处理框架。当前业界十分流行的批处理框架主要包括 Spark 等，Spark 通过 RDD（弹性分布式数据集，是分布式内存的一个抽象概念）模型实现了内存计算，并丰富了数据处理的语义。Storm、Spark Streaming、Flink 等是典型的分布式流处理框架，支持大规模实时数据的快速分析。Pregel、GraphLab、GraphX 等是常见的图处理框架，支持大规模图数据的迭代计算。

（3）数据应用层

数据应用层结合具体的应用场景，利用底层的数据存储与处理框架实现特定的功能。数据应用层主要包括分布式搜索引擎，主要实现对数据的快速检索，例如基于 Lucene 的开源分布式搜索引擎 ElasticSearch，它具有构建在 RESTful Web 接口之上，具有分布式多用户能力；可视化工具，主要实现分析图表的制作和数据的可视化展现，主要的商业化产品为 tableau、Plotly 等，开源产品，例如 Arbor.js、Chroma.js、OpenRefine 等；即席查询工具，主要实现对数据的快速查询并提供类 SQL 的语言支持，例如集成了底层的 HBase、MapReduce 的 Hive、Presto 等；多维分析工具，主要实现面向数据仓库的多维分析展现，如 Kylin 等。

分布式计算系统框架的构建，需要根据实际需求和所要实现的业务场景有机结合起来统筹规划。上面提到的很多大数据组件，如何将其有效组合高效完成某个任务并不是一件简单的工作，需要综合考虑各自的整体 IT 架构规划和对于开源系统组件的掌控能力而进行相应的实施。

3．数据分析算法及工具

数据分析的两个主要阶段是数据预处理和数据建模分析。在建模分析之前先需要对数据进行预处理，从海量数据中提取需要的特征。大数据系统面临的数据来源多样，其数据形式也往往呈现出不同的特点，主要可划分为结构化数据、半结构化数据和非结构化数据 3 类。结构化数据是指能够用数据或统一的结构加以表示，称之为结构化数据，如数字、符号、二维表结构数据等；半结构化数据是指介于完全结构化数据（如关系型数据库、面向对象数据库中的数据）和完全无结构的数据（如声音、图像文件等）之间的数据，如 XML、HTML 文档就属于半结构化数据；非结构化数据库是指其字段长度可变，并且每个字段的记录又可以由可重复或不可重复的子字段构成的数据库，用它不仅可以处理数字、符号等结构化数据，而且更适合处理图像、声音、影视、全文文本、超媒体等非结构化数据。

1）数据预处理

结构化数据可以较容易地转换成特征值；而半结构化或非结构化的数据则可能需要采用自然语言处理算法进行转化。为了让不同来源的数据具有较高的数据质量，还需要对数据进行清洗、去噪、归一化等操作。此外，为了支持大规模数据查询，业界常常在分布式数据库之上构建 Hive SQL、Spark SQL、Impala 等查询引擎。

Hive SQL 是 Hive 定义的类 SQL 查询语言，它提供了丰富的 SQL 查询方式来分析存储在 Hadoop 分布式文件系统中的数据，可以将结构化数据文件映射为一张数据库表，并提供完整的 SQL 查询功能。一方面可以将 SQL 语句转换为 MapReduce 任务进行运行，通过自己的 SQL 去查询分析需要的内容；另一方面 MapReduce 开发人员可以把已写的 Mapper 和 Reducer 作为插件来支持 Hive 做更复杂的数据分析。尽管与关系型数据库的 SQL 略有不同，但支持了绝大多数语句，如 DDL（数据定义语言）、DML（数据操作语音）以及常见的聚合函数、连接查询、条件查询。

Spark SQL 是一个用来处理结构化数据的 Spark 组件，它提供了一个叫作 Data Frame 的可编程抽象数据模型，并且可被视为一个分布式的 SQL 查询引擎。Data Frame 是由"命名列"（类似关系表的字段定义）所组织起来的一个分布式数据集合。读者可以把它看成是一个关系型数据库的表。Data Frame 可以通过多种来源创建：结构化数据文件、Hive

的表、外部数据库或者 RDDs。Spark SQL 可以支持 SQL 语法来对海量数据进行分析查询，区别于 Hive 使用 MapReduce 运算框架作为 SQL 任务执行的底层运算引擎，Spark SQL 采用 Spark Core 运算引擎的方式，充分利用了 Spark 内存计算及 DAG 模型的优势，大幅提升海量数据的分析查询速度。

Impala 是 Cloudera 公司主导开发的新型查询系统，它提供了 SQL 语义，能查询存储在 Hadoop 的 HDFS 和 HBase 中的 PB（1024T）级大数据。已有的 Hive 系统虽然也提供了 SQL 语义，但由于 Hive 底层执行使用的是 MapReduce 引擎，仍然是一个批处理过程，难以满足查询的交互性。相比之下，Impala 的最大特点也是最大卖点就是它的快速。Impala 不需要把中间结果写入磁盘，省掉了大量 I/O 开销；Impala 直接通过相应的服务进程来进行作业调度，省掉了 MapReduce 作业启动的开销；Impala 完全抛弃了 MapReduce 这个不太适合做 SQL 查询的范式，而是像 Dremel（Google 的一种大数据查询分析系统）一样借鉴了 MPP 并行数据库的思想另起炉灶，因此可做更多的查询优化，从而省掉不必要的 shuffle（洗牌，把具有同样特征的数据汇聚到一个计算节点上）、sort 等开销；Impala 通过使用 LLVM（底层虚拟机，提供了与编译器相关的支持）来统一编译运行时代码，避免了为支持通用编译而带来的不必要开销，同时使用了支持 Data locality（数据本地化）的 I/O 调度机制，尽可能地将数据和计算分配在同一台机器上进行，减少了网络开销。

2）数据建模分析

通过预处理生成特征向量集合之后，可以进行数据的建模分析工作。建模分析是基于一定的业务目标，对数据集采用特定的机器学习算法进行建模的过程。根据数据分析的深度，可以将数据建模分析分为以下 3 个层次。

❑ 描述性分析：基于历史数据描述发生了什么。例如，利用回归技术从数据集中发现简单的趋势，可视化技术用于更有意义地表示数据，数据建模则以更有效的方式收集、存储和删减数据。描述性分析通常应用在商业智能和可见性系统。

❑ 预测性分析：用于预测未来的概率和趋势。例如，预测性模型使用线性和对数回归等统计技术发现数据趋势，预测未来的输出结果，并使用数据挖掘技术提取数据模式给出预见。

❑ 规则性分析：用于决策制定和提高分析效率。例如，仿真用于分析复杂系统以了解系统行为并发现问题，而优化技术则在给定约束条件下给出最优解决方案。

常用的机器学习算法包括有监督学习、无监督学习、协同过滤等，其中有监督学习又可细分出回归分析、支持向量机、决策树、神经网络、深层神经网络（深度学习）等算法，尤其是深度学习在近年来得到了广泛的研究，在声音、图像识别、时间序列分析等领域取得了突破性的成果。此外，研究人员最近又提出了迁移学习、对抗学习、强化学习等学习模式，进一步提升了机器学习解决实际问题的效果。

（1）有监督学习

有监督学习是通过已有的训练样本（即已知数据以及其对应的输出，又称标签）去训练得到一个最优模型，这个模型属于某个函数的集合，最优则表示在某个评价准则下是最佳的，再利用这个模型将所有的输入映射为相应的输出（标签），对输出进行简单的判断，从而实现线性回归（标签为连续的）或分类（标签为离散的）的目的。常用的监督学习算法包括回归分析、决策树、神经网络等。

① 回归分析算法是指在掌握大量观察数据基础上，利用数理统计方法建立因变量与自变量之间的回归关系函数表达式（简称为回归方程式）。这种技术通常用于预测分析、时间序列模型以及发现变量之间的因果关系。回归分析能够很好地表明自变量和因变量之间的显著关系以及多个自变量对一个因变量的影响强度。

② 决策树算法是一种逼近离散函数值的方法。它是一种典型的分类方法，首先对数据进行处理，利用归纳算法生成可读的规则和决策树，然后使用决策对新数据进行分析。本质上决策树是通过一系列规则对数据进行分类的过程。决策树算法构造决策树来发现数据中蕴涵的分类规则。如何构造精度高、规模小的决策树是决策树算法的核心内容。决策树构造可以分两步进行。

❑ 第一步，决策树的生成：由训练样本集生成决策树的过程。一般情况下，训练样本数据集是根据实际需要有历史的、有一定综合程度的，用于数据分析处理的数据集。

❑ 第二步，决策树的剪枝：决策树的剪枝是对上一阶段生成的决策树进行检验、校正和修下的过程，主要是用新的样本数据集（称为测试数据集）中的数据校验决策树生成过程中产生的初步规则，将那些影响预衡准确性的分枝剪除。

③ 神经网络算法是对人脑或自然神经网络（Natural Neural Network）若干基本特性的抽象和模拟。人工神经网络以对大脑的生理研究成果为基础，其目的在于模拟大脑的某些机理与机制，实现某个方面的功能。所以说，人工神经网络是由人工建立的以有向图为拓扑结构的动态系统，它通过对连续或断续的输入做出状态响应而进行信息处理。它是根据人的认识过程而开发出的一种算法。

（2）无监督学习

无监督学习又称聚类算法，是通过对没有标签的特征向量进行分析，按数据的内在相似性将数据集划分为多个类别，使类别内的数据相似度较大而类别间的数据相似度较小的过程。常见的聚类算法包括 K-Means、DBSCAN、密度最大值聚类等。

① K-Means 算法是一种基于样本间相似性度量的间接聚类方法，此算法以 k 为参数，把 n 个对象分为 k 个簇，以使簇内具有较高的相似度，而且簇间的相似度较低。相似度的计算根据一个簇中对象的平均值（被看作簇的重心）来进行。此算法首先随机选择 k 个对象，每个对象代表一个聚类的质心。对于其余的每一个对象，根据该对象与各聚类质心之间的距离，把它分配到与之最相似的聚类中。然后，计算每个聚类的新质心。重复上述过程，直到准则函数收敛。K-Means 算法是一种较典型的逐点修改迭代的动态聚类算法，其要点是以误差平方和为准则函数。

② DBSCAN 算法是一个比较有代表性的基于密度的聚类算法。与划分和层次聚类方法不同，它将簇定义为密度相连的点的最大集合，能够把具有足够高密度的区域划分为簇，并可在噪声的空间数据库中发现任意形状的聚类。它通过选定一些核心对象，然后求所有密度可达的点进行聚类得到不同的簇。密度可达是直接密度可达的传递闭包，即在一定距离内，可以直接或者间接到达，并且这种关系是非对称的。DBSCAN 目的是找到密度相连对象的最大集合，该过程可能会合并一些簇。

③ 密度最大值聚类算法是以最大密度对象作为起始点，通过考察最大密度对象所处空间区域的密度分布情况来划分基本簇，并合并基本簇获得最终的簇划分。密度最大值聚类算法能够有效识别簇的数量，有效发现任意形状的密度簇，并且对于偏斜数据集的处理具有很好的效果。在选择了合适的对象邻近度定义后，密度最大值聚类算法对高维数据集、变密度数据集以及文本数据集也能够进行很好的处理。

（3）协同过滤

协同过滤通过对用户历史行为数据的挖掘发现用户的偏好，基于不同的偏好对用户进行群组划分并推荐品味相似的商品。协同过滤推荐算法分为两类，分别是基于用户的协同过滤算法和基于物品的协同过滤算法。

基于用户的协同过滤算法是通过用户的历史行为数据发现用户对商品或内容的喜欢（如商品购买、收藏、内容评论或分享），并对这些喜好进行度量和打分。根据不同用户对相同商品或内容的态度和偏好程度计算用户之间的关系。算法核心思想是在一个在线推荐系统中，当用户 A 需要个性化推荐时，可以先找到和他有相似兴趣的其他用户，然后把那些用户喜欢的而用户 A 没有听说过的物品推荐给 A。

基于物品的协同过滤算法通过计算不同用户对不同物品的评分获得物品间的关系，基于物品间的关系对用户进行相似物品的推荐。算法核心思想是找到和用户 A 喜欢的物品相似的物品，然后把相似的物品推荐给用户 A。例如，用户 A 很喜欢《黑客帝国》，而《盗梦空间》和《黑客帝国》相似度很高，推荐系统就可以给用户 A 推荐《盗梦空间》，实际上用户 A 也很喜欢《盗梦空间》。

3）工具

在大数据建模分析过程中，业界经常使用的工具包括 Python、R 等编程语言和 Spark MLlib、Caffee 等机器学习算法库。

- ❑ Python 编程语言是一种面向对象的解释型计算机程序设计语言，由荷兰人 Guido van Rossum 于 1989 年发明，具有丰富和强大的库。它常被昵称为胶水语言，能够把用其他语言制作的各种模块（尤其是 C/C++）很轻松地联结在一起。常见的一种应用情形是，使用 Python 快速生成程序的原型（有时甚至是程序的最终界面），然后对其中有特别要求的部分，用更合适的语言改写，如 3D 游戏中的图形渲染模块，性能要求特别高，就可以用 C/C++重写，而后封装为 Python 可以调用的扩展类库。需要注意的是，在使用扩展类库时可能需要考虑平台问题，某些可能不提供跨平台的实现。

- ❑ R 编程语言是统计领域广泛使用的，诞生于 1980 年左右的 S 语言的一个分支。R 语言是 S 语言的一种实现。S 语言是由 AT&T 贝尔实验室开发的一种用来进行数据探索、统计分析、作图的解释型语言。最初 S 语言的实现版本主要是 S-PLUS。S-PLUS 是一个商业软件，它基于 S 语言，并由 MathSoft 公司的统计科学部进一步完善。R 是一套完整的数据处理、计算和制图软件系统。其功能包括：数据存储和处理系统；数组运算工具（其向量、矩阵运算方面功能尤其强大）；完整连贯的统计分析工具；优秀的统计制图功能；简便而强大的编程语言，可操纵数据的输入和输出，可实现分支、循环，用户可自定义功能。

- ❑ Spark MLlib 是 spark 的可以扩展的机器学习库，MLlib 构建在 apache spark 之上，一个专门针对大量数据处理的通用的、快速的引擎，由通用的学习算法和工具类组成。

❑ Caffee（Convolutional Architecture for Fast Feature Embedding，卷积神经网络框架）是一个可读性高、快速的深度学习框架，其作者是博士毕业于 UC Berkeley 的贾扬清，目前在 Google 工作。Caffee 是纯粹的 C++/CUDA 架构，支持命令行、Python 和 MATLAB（是美国 MathWorks 公司出品的商业数学软件）接口；可以在 CPU 和 GPU（图形处理器）直接无缝切换。

4．结果可视化及输出 API

（1）数据可视化

数据可视化就是利用计算机图形学和图像处理技术，将数据以图表、地图、标签云、动画或任何使内容更容易理解的图形方式呈现给用户，并进行交互处理的理论、方法和技术。人们对图形的理解能力非常独到，往往能够从图形当中发现数据的一些规律，而这些规律用常规的方法是很难发现。数据可视化的意义在于根据数据的特性，如时间信息和空间信息等，找到合适的可视化方式，如图表、图和地图等，将数据直观地展现出来，来帮助人们理解数据，同时找出包含在海量数据中的规律或者信息。显然，数据在表格中比在图中更难让人洞悉其中的关键信息。如果由于某种原因，只将数据简单地放在表格中，会让人很难领悟数据中的关键信息。在配色方案、标签和信息顺序方面的选择和组织也是很有讲究的，这会影响到读者如何处理这些信息，以及理解到的图中所要传达的关键信息是什么。因此，针对具体希望展示给读者的每一个主题和内容，应该充分利用通过使读者直观接受的视觉方式来仔细组织信息。数据可视化可以帮助我们探索数据内在的价值，还能帮助我们直观有效地展示分析结果，更容易地让人接收我们所希望传达的关键信息。

在大数据时代，数据量变得非常大，而且非常烦琐，要想发现数据中包含的信息或者知识，可视化是最有效的途径之一。根据使用场景进行分类可分为离线可视化工具、在线数据可视化工具、互动图形用户界面（GUI）控制。当前主流的数据可视化工具包括 Tableau、Infogram、ChartBlocks、Plotly、RAW、D3.js、Google Charts、FusionCharts、Chart.js、Sigma JS、Polymaps、Processing.js 等。这些工具通过调用数据存储系统的 API 获取结构化或半结构化的数据，并根据展示的需要对数据进行分类、统计、整合，然后以各种可选的图表、图形的方式直观地展示数据。

❑ Tableau 是一款企业级的大数据可视化工具。Tableau 可以让用户轻松创建图形、表格和地图。它不仅提供了 PC 桌面版，还提供了服务器解决方案，可以在线生成可视化报告。服务器解决方案可以提供了云托管服务。

❑ Infogram 的最大优势在于，让可视化信息图表与实时大数据相链接。只需 3 个简单步骤，便可在众多图表、地图，甚至是视频可视化模板中进行选择。Infogram 支持团队账号。

❑ ChartBlocks 是一个易于使用的在线工具，它无须编码，便能从电子表格、数据库中构建可视化图表。整个过程可以在图表向导的指导下完成。图表将在 HTML5 的框架下使用强大的 JavaScript 库 D3.js 创建图表，所建图表是响应式的，并且可以和任何屏幕尺寸及设备兼容。

❑ Plotly 可帮助读者在短短几分钟内，从简单的电子表格中开始创建漂亮的图表。Plotly 已经为谷歌、美国空军和纽约大学等机构所使用。Plotly 是一个非常人性化的网络工具，让读者在几分钟内启动。如果读者的团队希望为 JavaScript 和 Python 等编程语言提供一个 API 接口的话，Plotly 是一款非常人性化的工具。

❑ RAW 弥补了很多工具在电子表格和矢量图形（SVG）之间的缺失环节。读者的大数据可以来自 Microsoft Excel 中，谷歌文档或是一个简单的逗号分隔的列表。它最厉害的功能是可以很容易地导出可视化结果，因为它和 Adobe Illustrator、Sketch 和 Inkscape 是相容的。

❑ D3.js 是最好的数据可视化工具库。D3.js 运行在 JavaScript 上，并使用 HTML、CSS 和 SVG。D3.js 是开源工具，使用数据驱动的方式创建漂亮的网页，还可实现实时交互。这个库非常强大和前沿，所以它带有没有预置图表也不支持 IE9。

❑ Google Charts 以 HTML5 和 SVG 为基础，充分考虑了跨浏览器的兼容性，并通过 VML 支持旧版本的 IE 浏览器。所有创建的图表是交互式的，有的还可缩放。Google Charts 是非常人性化的，它们的网站拥有一个非常好的、全面的模板库，读者可以从中找到所需模板。

❑ FusionCharts 是最全面的 JavaScript 图表库，包括 90 个图表和 900 种地图。如果读者不是特别喜欢 JavaScript、FusionCharts 可以轻松集成像 jQuery 库、Angularjs 和 React 框架以及 ASP.NET 和 PHP 的语言。FusionCharts 支持 JSON 和 XML 数据，并提供许多格式图表，如 PNG、JPEG、SVG 和 PDF。

❑ chart.js 是一个面向项目图表的很好的工具。开源，只有 11KB
大小，这使得它快速且易于使用，它支持多种图表类型：饼图、
线性图和雷达图等。

❑ Sigma JS 是交互式可视化工具库。由于使用了 WebGL 技术，
可以使用鼠标和触摸的方式来更新和变换图表。Sigma JS 同时
支持 JSON 和 GEXF 两种数据格式，这为它提供了大量的可用
互动式插件。Sigma JS 专注于网页格式的网络图可视化。因此
它在大数据网络可视化中非常有用。

❑ Polymaps 是一款地图可视化的 JavaScript 工具库。Polymaps 使
用 SVG 实现从国家到街道一级地理数据的可视化，可以使用
CSS 格式来修改其样式。Polymaps 使用 GeoJSON 来解释地理数
据，它是创建 heatmap 热点图的最好的工具之一，所创建的所
有地图都可以变成动态图。

❑ Processing.js 是一个基于可视化编程语言的 JavaScript 库。作为
一种面向 Web 的 JavaScript 库，Processing.js 能够有效进行网页
格式图表处理，这使得它成为了一种非常好交换式可视化工具。
Processing.js 需要一个兼容 HTML5 的浏览器来实现这一功能。

（2）输出 API

为了能够方便用户进行定制和多种数据的集成，数据可视化工具还
提供了输出 API，供用户对数据分析结果进行个性化的展示，用户通过
添加数据源，对数据源进行简单处理，然后通过可视化工具提供的可视
化效果设置，就能直接得到各种自定义效果的可视化结果展示。根据功
能不同，输出 API 包括数据读取 API、画面渲染 API、模板加载 API 等；
根据数据刷新时间的不同，输出 API 可分触发刷新式 API、实时刷新式
API；根据用户进行分类，可以分为开发人员 API、数据分析人员 API。
而大数据环境下的可视化则是可视化大数据分析结果，针对目前较为成
熟 Hadoop、Spark 大数据平台生态圈提供的数据存储组件和计算引擎，
可总结得到如表 2-1 所示的可视化 API。

表 2-1　可视化 API 接口

接　　口	接 口 分 类	接　口　描　述	使 用 人 员
ODBC/JDBC 接口	数据读取	在应用中通过 ODBC/JDBC 驱动连接到后台数据库	应用开发人员
WebHDFS 接口	数据读取	提供 REST 方式访问数据（HDFS）	应用开发人员
StarGate 接口	数据读取	提供 REST 方式访问数据（HBase）	应用开发人员

接　　口	接 口 分 类	接 口 描 述	使 用 人 员
核心组件 API 接口	模板加载	提供各个组件的编程接口	应用开发人员、数据分析人员
R 语言	模板加载	主要用来进行数据统计、计算会绘图的编程语言，内建多重统计学及数学分析功能，专业性很强	数据分析、开发人员
D3.js	画面渲染	基于 JavaScript 的数据在线可视化库，允许绑定任意数据到 DOM，然后将数据驱动转换应用到 Document 中	Web 应用开发人员
Data.js	画面渲染	JavaScript 数据表示框架，提供统一的接口和数据域，是一款简单易用的数据可视化工具	Web 应用开发人员
Recline.js	数据获取、画面渲染、模板加载	一个简单但功能强大的库，利用 JavaScript 和 HTML 轻松创建基于数据的应用	Web 应用开发人员
HignCharts.js	数据获取、画面渲染、模板加载	纯 JavaScript 编写的一个图表库，能够很简单便捷的在 Web 网站或是 Web 应用程序添加有交互性的图表，支持的图表类型有曲线图、区域图、柱状图、饼状图、散状点图和综合图表	Web 前端开发人员
iCharts	数据获取、画面渲染、模板加载	在线的数据可视化工具	数据分析人员
Raw	数据获取、画面渲染、模板加载	开源的数据可视化工具，基于流行的 D3.js,支持多种图表类型	数据分析人员
Ember Charts	数据获取、画面渲染、模板加载	基于 Ember.js 和 d3.js 框架的图表库，包括时间序列、条形图、饼图、线型图、散点图等多种类型，且易于扩展和修改	数据分析人员
Google Charts	数据获取、画面渲染、模板加载	提供一个在线的图片生成器，为统计数据自动生成图片	数据分析人员
Crossfilter	数据获取、画面渲染、模板加载	互动图形用户界面的小程序，当调整数据的输入范围后，关联图表的数据也会随着该表	数据分析人员

续表

接　　口	接 口 分 类	接 口 描 述	使 用 人 员
Visual.ly	数据获取、面渲染、模板加载	提供大量信息图模板，但功能有限	数据分析人员
DataV	数据获取、画面渲染、模板加载、触发刷新式、实时刷新式	阿里云出品的拖曳式可视化工具，拥有丰富的模板和图表组件，专精于业务数据与地理信息融合的大数据可视化	数据分析人员

2.2.3　系统硬件

大数据软件应用平台时常需要接入各行业的重要数据，可以通过系统对接、网络采集两种方式来接入数据。大数据系统的硬件基础主要包括服务器环境、存储环境、备份环境、网络环境。

1．服务器环境

❑ 数据采集服务器：是用来解决数据抽取和数据接收问题的服务器，可部署在分步式大数据系统中，能够集中化处理需要分析的数据。

❑ 数据清洗转换服务器：用于解决数据的清洗转换问题。

❑ 分步式存储服务器：针对大规模数据存储时非常适用，会对数据实施分片化存储，保证数据的可用性和可靠性。

❑ 并行分析服务器：以并行的方式分析数据，分析并挖掘海量数据。

❑ 数据管理服务器：用于部署大数据管理系统和大数据的数据库，并可以解决高并发在线数据服务问题。

❑ 数据运营服务器：发布分析后的数据到下游系统，实现运维大数据系统对下游系统的价值输出。

2．存储环境

数据存储主要包含结构化数据存储、半结构化数据存储、非结构化数据存储这三大类数据的存储，初期可选择适合的 TB 级数据存储磁盘，在持续运营后，可适当升级到 PB 级别的磁盘来存储更多数据。

3．备份环境

选择合适备份方式及适当的备份存储空间。比较推荐的做法是使用第三方数据服务机构提供的异地备份服务。

4．网络环境

如果相关数据信息是经由互联网采集，则必须选择满足互联网基本采集要求的，并适合该大数据系统的 Internet 网络类型。

2.2.4 系统数据

1．原始系统数据

原始数据是指从真实对象获取的原始的数据。不准确的数据将影响后续数据处理并导致得到无效结果。原始数据的收集方法的选择不仅取决于数据源的物理性质，还要考虑数据分析的目标。目前，Web 网络、日志文件和传感器是 3 种最常用的数据收集方式。收集原始数据后，必须将其传输到数据存储设备，如在数据中心等待进一步处理。传输数据过程可分为传输 IP 骨干和传输数据中心两个方式。

2．预处理后数据

数据多样性、数据冗余、数据干扰诱因和相干因素等影响，都会对数据的分析造成挑战。从需求场景出发，某些数据分析工具对数据的质量有着严格的要求。因此需要使用数据预处理来提高数据质量，这 3 种主要的数据预处理技术分别是数据集成、数据清洗和删除冗余数据。

3．存储数据

大型数据系统中的存储数据系统以相应的格式保存所需的信息，直到进行分析和创建价值。为实现这一目标，存储数据系统应具有以下两个特点：存储设施应能够永久并可靠地保存信息；存储系统应提供可供外部访问的 API 接口，方便用户对数据进行查询和分析。从功能上讲，存储数据系统可分为基础设施硬件、数据管理软件。

4．备份数据

根据大数据系统的主机与备份存储之间同步程度的不同需求，备份可分为 3 种情况，分别为冷态备份、暖态备份和热态备份。

2.2.5 IT 供应商

在大数据行业中，有许多垂直合并的大型供应商，如 IBM、SAP、Oracle、Dell、Hewlett-Packard 和 Amazon 等。他们所提供的服务可以涉及多个类别，虽然如此，有些公司在大数据行业的某个特定方面更加专业化。

1．数据提供商

有些公司出售纯净的、没有杂质的数据，因此可以更方便地执行大量数据分析。商业大数据项目通常需要内部、外部和第三方数据。对于外部获取的数据，经常使用特定数据源厂商，例如，提供用户信息统计的信用卡代理公司 Experian、出售与法律和商业纠纷有关数据的公司 LexisNexis 等。

2．架构和平台提供商

此类服务大多数都是基于最流行的开源和大数据技术，如 Hadoop、park 和 NoSQL 数据库、MongoDB、Assandra 是可以自行提供安装和服务的提供商。该领域的公司通常提供定制的 Hadoop 安装服务，以及特定的分析需求或存储解决方案。

3．大数据咨询公司

虽然许多基础结构提供商也提供咨询服务，可以帮助创建和管理数据分析，并充分利用数据，但是专业的咨询公司往往可以提供更好的服务。这些咨询公司和上一类公司之间的一个重要区别是，专业咨询公司不会倾向于使用自己的架构产品。咨询公司会从不同的开源架构中选择适当的模块，并为客户进行合适的定制。

4．分析运营商

可大致分为两类运营商：通用分析运营商和专业分析运营商。运营商编写代码，进行数据处理和分析。无论数据是通过内部数据采集还是相关企业购买而来的，都要通过分析技术从数据中提取出有用的信息。除了通用分析运营商，还有一些公司服务于专业的市场，如 Palantir 公司专注于反恐和欺诈分析。

5．可视化供应商

可视化是一个大型数据分析过程中，将分析出的信息转化为最后的可视界面，这是非常重要，却又经常被忽视的一个步骤。有许多专业的可视化运营商，诸如 Tableau、Datawatch、SAS、Qlik 等。

△ 2.3 系统管理内容

系统管理是 IT 服务的核心工作之一，负责 IT 部门内部的系统日常运营与操作。系统管理主要有 8 项内容：事件管理（Incident Management）、问题管理（Problem Management）、配置管理（Configuration Management）、变更管理（Change Management）、发布管理（Release Management）、知识管理（Knowledge Management）、日志管理（Log Management）、备份管理（Backup Management）。值得一提的是，以 ITIL 理念为导向的 IT 服务正在为企业创造巨大的价值。

2.3.1　事件管理

1. 事件

事件是指可被控件识别的操作，事件分为系统事件和用户事件，系统事件来源于系统本身，而用户事件来源于用户操作。

2. 事件管理

在 IT 服务管理中事件管理是重要流程之一，事件解决的时效性决定系统管理服务的质量。事件管理指及时处理中断的 IT 服务并快速恢复 IT 服务能力。事件的来源来自 IT 用户报告、监控系统自动转发等。

3. 事件管理的流程目标

事件管理流程的目标是为了降低 IT 故障对企业业务的影响，达到提升业务稳定性的作用。具体操作时，按照事件的优先级，多渠道及时响应服务请求，快速有序地解决，从而减少 IT 服务中断造成的影响。根据事件的优先级、影响度进行综合分类排序，如果判断事件优先级是紧急，则按紧急事件管理的流程进行处理，为客户提供及时的事件处理状态信息。必要时对监控事件处理过程进行管理和技术升级，确保 IT 事件处理过程中的关键信息能正确记录，为后续事件处理提供知识支持，为流程持续优化提供准确的数据信息，同时按规范记录事件信息及解决过程信息。事件管理的其他功能还包括查看服务台及后台技术资源利用情况，受理 IT 用户的投诉与建议，对用户投诉与建议进行处理与反馈，从而提高用户满意度。

2.3.2　问题管理

1. 问题

问题是指多次发生的事件、重大事件、主动问题管理发现的问题、超过 SLA 中规定时限的事件、可用性事件、未查到根本原因的事件。

2. 问题管理

问题管理通过标准化的方法管理已发生的 IT 技术问题，其目的是为了帮助企业提高工作效率。问题管理流程的主要阶段为：问题的识别和提交、调查和诊断、实施解决以及回顾关闭。问题管理的持续进行可帮助企业优化运维管理，从而及早发现问题并解决问题。

3．问题管理的流程目标

作为一个旨在提高效率的管理流程，问题管理流程的目的是要找到故障的根本原因，设计并实施解决方案，提高系统稳定性。问题管理流程包括：建立发现及审查机制，查明根本原因，规范处理流程，制订解决方案。尽可能降低问题再发生的几率，最好从根本上杜绝问题的再次发生；负责知识收集和共享，提高全体运营维护人员的技术水平；通过对问题的趋势分析进行主动性问题管理，提高服务的可用性和可靠性；提高 IT 服务的稳定性，主动找出并消除潜在原因，把问题发生的可能性降到最小，避免相同性质的问题再次发生，提高资源利用率，保证服务级别的实现。

2.3.3　配置管理

1．配置

配置是指系统的配置信息，包括物理设备的硬件信息、逻辑信息等。具体的配置项的选择根据不同系统和不同业务需求而定。

2．配置管理

配置管理是对 IT 资源进行管理的重要步骤之一，也是大数据运维的重要依据。配置管理是 IT 管理的关键，也是事件管理、问题管理等流程审查原因所在，具体数据来自配置管理数据库。配置管理数据库中的资源是为大数据运维配备全面信息的基础，也是为了更好地提高企业 IT 服务的质量途径。

3．配置管理的流程目标

配置管理录入并管理 IT 基础设施的配置信息，是 IT 服务准确的信息来源。

由配置流程经理组织制定或修订配置管理相关定义及策略，包括配置管理的范围、结构规划、审核策略等，并接受部门负责人的审阅确认。部门负责人对配置流程经理提出的配置管理策略新增/修订内容进行审批，审批通过则进入下一步骤，否则退回上一步骤重新修订。

配置流程需要定期回顾整理配置管理流程，并且完善配置信息，编写配置管理报告。

2.3.4 变更管理

1. 变更

变更是指对系统进行修改，发生变动，包括更改错误代码等行为。

2. 变更管理

变更管理的目的是有效地审批和控制 IT 设施变更，及时降低业务故障率，保证业务尽快、正常、有序地运行，从而减少故障对用户的影响，以提升服务质量。

3. 变更管理的流程目标

变更管理在于规范和控制变更流程：在保证管控的前提下，发起、评估、批准、实施、回顾变更，运用正确的方法处理变更，在可控范围内压缩变更产生的负面效应，且保证在规定范围之内实施变更管理流程。

确保完整记录所有变更及对应措施，确保跟踪变更直到实施完成，通过对变更进行风险评估，保证变更能够更好地满足业务的需求。

- ❑ 变更管理可以减少风险：通过控制和管理变更从而减少由于新导入变更对于生产环境所带来的风险和负面影响。
- ❑ 变更管理可以降低成本：高效的变更管理会及时处理并解决生产环境里发生的问题，提升运维的质量，从而降低维护成本。
- ❑ 变更管理可以增强服务灵活性：结构化的变更实施帮助 IT 组织更快和更有效地适应业务需求的改变。变更管理亦能够帮助提高服务质量，预先评估也能为计划外的服务中断提供事前准备，以此提升服务效率。

2.3.5 发布管理

1. 发布

发布是指软件开发后，进行软件发布的试验、部署和验证阶段，主要包括系统新版本发布、新功能上线等。

2. 发布管理

发布管理是变更流程的其中一种，主要为了在尽可能不影响系统正常服务运行的情况下对 IT 环境实施可控的变更。发布管理的主要步骤有：发布前的规划准备、申请及审批发布、同步灾备系统、试点运行、评估发布流程。

3．发布管理的流程目标

发布管理流程的目的是通过规范的操作流程，确保在生产环境中系统能够平稳地执行变更操作，并降低一切风险，保障业务正常运行。发布管理的流程包括：明确参与发布管理的人员职责，系统发布过程和具体实施步骤，确保系统发布后能持续安全运行。在发布前，需要统一上线内容、范围、变更管理等，并做好上线资源维护的规划，确保有历史记录可供查询。

2.3.6 知识管理

1．知识

知识是可以指导 IT 运维人员进行思考、做出行为和交流的正确和真实的洞察、经验和过程的总集合。

2．知识管理

知识管理流程是 IT 运维人员获取各种来源的知识，结合存量技术，实现知识的生产、分享、使用和创新的过程。

3．知识管理的流程目标

知识管理的目标在于通过对知识库的有效管理，协助企业和个人创造价值。具体通过收集、梳理、归纳、撰写等手段对本系统运维知识进行整理，形成文档、视频，并选取正确、科学的维度录入知识库，形成系列课件指导新人通过知识库进行学习。

2.3.7 日志管理

1．日志

日志记录系统用户的操作、系统的运行状态等，由计算机、设备、软件等记录。日志按功能分为诊断日志和统计日志。

诊断日志包括外部服务调用和返回、资源消耗操作、容错行为、后台操作、配置操作、配置操作等。统计日志包括用户访问统计、磁盘占用等。

2．日志管理

日志管理对系统运行至关重要，日志管理的质量直接关系到定位系统问题的速度和效率。例如，安全领域的日志主要记录安全攻击行为，防火墙情况等。此外，日志还能记录事件信息，如性能信息、故障检测、入侵检测（如异常访问、多次登录错误）。通过观察、分析日志，预先定位系统潜在风险，避免日后发生故障。

3. 日志管理的流程目标

日志管理的重点是把不同需求的日志进行分类，方便问题分析和问题处理；而对于每一种需求，存在特定的记录格式和内容。另外，需要明确规定日志级别及对应错误处理方案等。

除此之外，日志管理最终是为了分析日志，常见的日志管理系统包括 Web 服务器日志和 Linux 日志。通过可自动解析标准格式日志的日志分析系统，用户能够更快速高效地解析日志文件，节省运维人员的工作时间和精力，提高处理系统问题的效率。

2.3.8 备份管理

1. 备份

备份旨在防止数据意外或人为丢失，具体表现为把重要或所有数据存放到长期可靠的存储介质中。数据备份的主流方式有光盘库备份、数据库备份、网络数据备份、远程镜像备份等。用于备份数据的设备包括备份服务器、备份软件（按照预先设定的程序将数据备份到存储介质上）、数据服务器、备份介质。

2. 备份管理

因为数据传输、数据存储和数据交换过程中，任何系统都有失效或故障的风险，因此有必要进行备份管理，从备份系统中还原数据，最大程度地降低损失。从信息安全的角度出发，备份管理也避免了人为恶意破坏等带来的损失。数据备份是保护数据的一道防线，十分必要。

3. 备份管理的流程目标

备份管理的根本目的是数据恢复，即能够快速、正确、全面地恢复数据。除此之外，备份的意义不仅为了防范意外事件的发生，还有保存归档历史数据的功能。

2.4 系统管理工具

系统管理工具是指用于管理企事业单位信息技术系统的工具。系统管理包括收集要求、购买设备和软件、分发、配置、改善、更新、维护设备和软件。系统管理工具可细分为资产管理、监控管理、流程管理、外包管理。

2.4.1　资产管理

1. 资产管理

资产管理是指对系统的资产进行管理，提高资产利用率。对大数据系统而言，资产主要包括硬件资产、软件资产、云资产 3 种。其中，硬件资产包含服务器、存储设备、网络设备等；软件资产包含系统软件、服务许可证等；云资产包括云服务器、云数据库等。

2. 资产管理工具

资产管理工具主要对资产采购、使用、维护、报废的整个周期进行有效的管理和保护。使用资产管理工具主要为了帮助企业管控、降低成本，提高资产利用率，同时帮助企业提高风险意识，做好防范工作，提升系统的安全性。

主流的资产管理工具有 CMDBuild 和 MAXIMO。CMDBuild 是一款开源的、基于 Web 的 IT 资产信息和服务管理系统。该项目诞生于 2005 年，长期的目标是为配置资产管理应用程序提供一个完整的集成环境。主要功能包括数据库建模、仪表盘、域管理、视图管理、互操作和连接器、文档管理、条形码、二维码、关系图、用户分析、数据管理模块等。

MAXIMO 由 IBM 公司开发，主要涵盖了资产、服务、合同、物资与采购管理。MAXIMO 允许客户开发程序，以开展预防性或日常的维护。通过 MAXIMO 这一集中化的管理平台，可以帮助用户实现资产的部署、规范、监控、校准和成本核算等工作，减轻了用户的负担，提高了工作效率。

2.4.2　监控管理

1. 监控管理

监控管理通过把管理和技术结合，监视基础设施和 IT 基础结构，即时发现并通知故障与异常。此外，监控数据的搜集与整理是实现事件管理、问题管理等的基础，以便实现大数据高可用性的终极目标。

2. 监控管理工具

监控管理工具需要结合人工判断，综合监控大数据系统的应用情况，针对故障发起事件和问题，并保证系统正常运行。目前，主流的监控管理工具有 Zabbix 和 Tivoli。Zabbix 是开源软件，以 Web 界面为基础，主要有分布式系统监视和网络监视等功能。作为一款开源的监控产品，Zabbix 拥有其他商业监控产品的绝大多数基本功能：对服务器、交换机、数据库、中间件、进程、日志等对象进行标准化的监控，并且 Zabbix 还具备了多样化的报警方式、报表定制和展示、自动发现网络中的新入网设备等功能。Zabbix 的一大优点是其服务器提供通用接口，用以开发、完善已有监控；另一大优点是实现复杂多条件的警告。

Tivoli 由 IBM 公司开发，它的主要服务对象是大中型企业的系统管理平台。和 Zabbix 类似，Tivoli 有自己的软件，对操作系统、数据库、应用等进行监控，再把存储的监控数据以报表的形式表示出来。Tivoli 事件管理中心记录了报警日志，方便运维人员查看和分析。

2.4.3 流程管理

1. 流程管理

流程管理以规范化的业务流程为中心，旨在通过管控 IT 服务流程提高绩效。流程管理具体包括流程分析、流程定义与重定义、资源分配、时间安排、流程质量与效率测评、流程优化等，如图 2-4 所示。

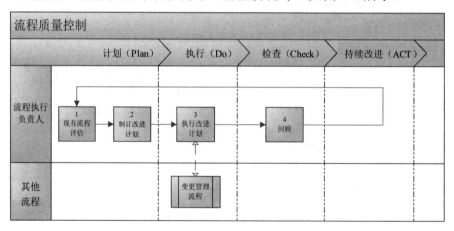

图 2-4　流程管理

2. 流程管理工具

流程管理工具主要以标准化方式管理和监控流程，运维人员可借此进行实时派单返单、超时提醒、监督管控、业绩考核等。主流的流程管理工具有 OTRS 和 SeviceDesk Plus。

OTRS 是一款开源的 IT 服务和工单管理软件。OTRS 的优点在于它可以把通过各类渠道提交的服务请求（request）按照不同的服务级别进行归类,放在不同的队列里,服务人员再根据 OTRS 不同队列跟踪或回复请求。相比传统的流程管理工具,OTRS 在查询、处理、跟踪请求等场景下具有更高的效率。

SeviceDesk Plus 由 ManageEngine 公司推出,市场面世迄今,已经得到广泛的应用。ServiceDesk Plus 已在 185 个国家服务逾 10 万家客户,并通过了 ITIL 认证。该软件功能多样,包括事件管理、变更管理、采购管理、合同管理等,并支持报表。使用的流程主要包括服务台指派用户请求、工程师处理工单和工程师关闭工单。此外,ServiceDesk Plus 还支持用户查询历史记录。

2.4.4 外包管理

1. 外包管理

外包管理是指企业针对外包人员统一进行管理,要求外包人员遵守相关规定,加强人员出勤及业绩考核等。

2. 外包管理工具

外包管理能有效约束外包人员的工作行为,同时加强企业运维的管控,提升运维人员各司其职、协调配合的能力。外包管理工具内容相对简单,主要包括考勤管理等,一般都是与现有系统的人力资源管理模块相结合。

2.5 系统管理制度规范

2.5.1 系统管理标准

当前,在 IT 服务领域内,ISO 20000 标准应用最为广泛,国家间认可度高。ISO 20000 标准始于 1995 年,几经修改,现已成为得到广泛接受的 IT 服务标准。ISO 20000 标准已经构建起全方位的 IT 服务管理体系模型,实现从服务建立、实施、运作、监测、评估、维护到持续改进的一系列流程管理。通过以一种标准化的模式来管理各种 IT 服务,为企事业单位起到降低 IT 运营成本、管控 IT 风险、提升 IT 服务质量的功效,以满足客户和业务对 IT 服务的需求。

IT 系统管理主要包括 4 个方面:① 职责管理,管理对象主要包括职责、文件要求与能力、意识和培训三大主要模块。② IT 服务管理的计划与实施,主要包括依照质量管理的 P-D-C-A 循环,其中 P 代表 Plan,

D 代表 Do，C 代表 Check，A 代表 Action，这 4 个关键模块构成了"计划—执行—检查—纠正"的循环链，保证 IT 服务管理的持续改进。③ 变更或新增 IT 服务目录的计划与实施。④ 服务管理流程，为 IT 服务提供四大过程管理，分别是关系过程、解决过程、控制过程和发布过程。

大数据系统管理主要关注的是质量管理，从系统的规划、实施、监控、验收等阶段进行质量管控，保证系统服务的质量。同时，在这一过程中，保持与系统最终用户的持续沟通，确保业务需求得到满足。

2.5.2　系统管理制度

系统管理制度需要根据大数据系统的具体情况，基于 ISO 20000 标准进行细则的制定。一般来说，包括业务、系统、安全、内控 4 个方面，涉及规划、实施、运营、评价 4 个阶段，具体如表 2-2 所示。

表 2-2　系统管理制度

	规　　划	实　　施	运　　营	评　　价
业务	制定 IT 服务战略；管理系统投资成本/预算；符合内外部标准政策	需求管理；优先级排序	服务水平管理；能力管理；业务连续性管理	系统投资回报率；系统运维绩效
系统	确定系统体系结构；确定技术方向；管理项目组合	IT 项目内部治理；IT 项目外部治理	事件、问题管理；发布、变更管理；配置库管理；运营监控管理	系统实施评级；设定改进目标；制定改进措施
安全	确定企业系统安全策略；制定企业系统安全标准；制定系统安全管理范围	定义系统安全控制目标；系统安全风险评估；制定安全风险措施	系统安全运营维护；系统安全风险控制	系统安全风险评价；安全改进措施评价
内控	系统内部控制规划；系统审计规划	系统实施控制；系统实施审计	内部控制和持续改进	服务水平评估与监控；评估内控措施有效性

2.5.3　系统管理规范

ITIL 提供了服务管理的最佳实践指南，为高品质 IT 服务的交付和支持提供了一套客观、严谨、可量化的综合流程规范，是系统管理的最佳规范。

在 20 世纪 80 年代末期，英国国家计算机和电信总局首次研发出ITIL（信息技术基础架构库），堪称创举。随着技术的不断迭代更新，历经 3 代之后，ITIL 已经走过近 40 个年头。现如今，ITIL 已经逐渐在英国各行各业乃至全球范围内得到广泛的应用。经历 3 个版本的迭代后，目前 ITIL 已经是 V3 的版本，新的 V3 版本 ITIL 除了保存上一版的 IT 服务能力模块外，还引入了 IT 服务生命周期的概念，其中创新性地界定了五大进程，即 IT 服务生命周期的战略、设计、转化、运营及持续改进。ITIL V3 侧重于持续评估并改进 IT 服务交付，通过服务支持和服务提供这两大核心服务流程模块完成 IT 部分与其他部分的衔接，确保 IT 服务管理更好地支持企业业务正常运行。大数据系统管理中应用 ITIL 规范能帮助企事业单位及时应对财务、销售、市场等业务的改变，协调各个业务部门，从而降低成本、缩短周期时间、提高服务质量，从而提高客户满意度。

2.6　日常巡检

在运维工作中需要运维人员高度关注系统的软硬件健康状态，越早获知系统健康状态的变化，越早进行处置，越能有效保障运行的安全。为获知系统软硬件状态，采用的大多方法是通过自动化的监控实现，但是监控的覆盖面毕竟是有限的，一方面有些自动化监控工具未建设就绪，不能完全覆盖监控项；另一方面自动化监控的方式过于程式化，缺乏机动变通的能力。这时需要引入巡检的机制，人工对系统的软硬件状态进行检查。

2.6.1　检查内容分类

检查内容主要有两类：一类主要与环境及设备巡检相关；另一类主要与应用系统相关。

1. 环境和设备检查

环境和设备的检查主要包括对机房环境和机房内运行设备的检查。机房由于物理上空间与运维人员分开，所以不在现场不一定能准确地掌握机房内环境的实际情况，所以通常还会安排人员以机房巡检的方式进入到机房内进行实地检查。主要的检查内容包括机房内的温度、湿度、清洁情况和设备警告提示灯状态等信息。

2. 应用系统检查

应用系统的巡检通常用于对应用系统软件运行状态的检查,虽然这类检查通常不需要实地到机房内进行,但仍然需要通过一定方式进行检查。如检查确认应用系统是否可登录、确认接口交互的状态、检查批处理任务的完成情况、检查特定关键字的输出等。

2.6.2　巡检方法分类

从检查的方法来看,日常巡检工作可以分成巡检、点检、厂商巡检等方式。

1. 巡检

这类检查通常定期通过巡视的方式完成,通常用于环境和设备的巡检。实现上通常安排巡检人员在一个时间段内以特定的频次进行巡视,如每天两次对生产机房巡视,重点关注环境的异常情况和核心生产设备硬件上的特定告警提示。虽然现在有动力环境系统实时监控机房环境,有自动化监控系统监控硬件告警情况,但探针不可能无死角部署,采集的数据也可能会失真,所以适度的巡检是必要的。巡检的内容主要包括以下方面。

- ❑ 巡检机房温度、空调状态等环境参数。
- ❑ 巡检机房内整洁情况,避免纸箱等杂物堆放。
- ❑ 巡检机房内的存储、服务器等硬件设备,检查设备状态指示灯等。
- ❑ 巡检机房特定的电子设备,查看面板液晶屏状态。

2. 点检

这类检查通常是在特定的时间内完成特定的检查项目,通常用于应用系统的检查。这类检查针对性很强,时效性很强,如在系统业务开始前,检查系统是否可以登录,虽然很简单,但也是提前发现问题的有效手段。点检内容主要包括下列类型。

- ❑ 在开市前登录业务系统界面,检查登录是否成功,检查基本参数设置是否正确。
- ❑ 定期打开门户网站,检查响应速度是否正常,检查行情信息是否正常更新。
- ❑ 定期登录邮件系统,检查是否有需要处理的邮件。
- ❑ 登录监控系统,查看监控系统界面展现的告警信息。
- ❑ 在指定时间检查核心交易服务器的对时情况。
- ❑ 检查批处理作业的运行情况。

3．厂商巡检

日常的点检、巡检工作能够发现大多的常见问题，但是实际运行环境中存在些更复杂的问题，尤其是中间件和底层硬件等的运行情况，如性能的缓慢下降、容量的逐步吃紧、运行中出现的某些轻微的提示等。这些信息通常不是很紧迫的问题，不需要立即关注处理，但是如果长期得不到关注，也许会引发严重的问题。对于中间件、硬件的这类信息，厂商通常有更丰富的处理经验，因此会引入厂商巡检的方式，就一段时间的运行情况进行分析。这类巡检主要包括下列内容。

- ❏ 厂商对数据库产品的运行情况进行巡检，如 Oracle、DB2。
- ❏ 厂商对 Web 中间件产品的运行情况进行巡检，如 WebLogic、MQ 等。
- ❏ 厂商对硬件设备的运行情况进行巡检，如存储、磁带库、服务器、交换机、防火墙等。

2.6.3 巡检流程

1．巡检规划

巡检无论以何种方式，都需要提前进行规划准备，然后按计划进行实施。在巡检的规划过程当中，需要规划的内容包括下列方面。

- ❏ 巡检的时间及频率：明确巡检的时间计划，避免遗漏。
- ❏ 巡检的人员安排：由于巡检是计划内的工作，人员安排务必有保障。
- ❏ 巡检内容：巡检内容通常是明确的。尤其对于非厂商巡检，通常会明确到具体巡检过程中的操作命令，这能有效控制操作风险；即使厂商巡检，也有对巡检内容的规划，明确巡检的范围。

2．巡检实施

巡检实施是按计划开展的，在这过程中重要的是操作风险的控制，一方面要确保巡检的实施，另一方面要避免因为巡检引入其他风险。

- ❏ 建立操作复核机制：巡检操作需要有复核，避免误操作的发生。
- ❏ 限制部分有风险的巡检的操作：避免在巡检过程中采用某些可能导致系统软硬件异常的命令，经常会通过限制巡检用户的权限进行管控。
- ❏ 引入操作审计机制：通过录屏工具、堡垒机、监控录像等方式记录巡检操作过程，确保操作可审计。
- ❏ 准确记录巡检情况，便于后续的处理工作。

3. 巡检记录处理

巡检过程中会发现一些问题，这些问题需要及时进行分析处理。对于发现的问题，第一时间请相关人员处理响应，通常通过运维事件流程进行跟踪处理，必要的转入问题流程进一步分析处置。

2.7　作业与练习

一、填空题

1．大数据的特征具有 5 个 V 的特点，分别是：_____、_____、_____、_____、_____。

2．大数据系统具有的 4 个特点分别是：_____、_____、_____、_____。

3．大数据系统主要的应用场景是：_____、_____。

4．Hadoop 三大发行商分别是：_____、_____、_____。

5．大数据系统的测试验收需要进行的测试有：_____、_____、_____、_____、_____。

6．大数据系统的 3 层管理对象分别是：_____、_____、_____。

7．大数据系统的软件主要包括：_____、_____、_____、_____。

8．大数据的系统软件使用中要注意：_____、_____、_____。

9．大数据系统的硬件基础主要包括：_____、_____、_____、_____。

10．系统数据主要包括：_____、_____、_____、_____ 4 种。

11．系统管理的内容主要包括 8 个部分，分别是：_____、_____、_____、_____、_____、_____、_____、_____。

12．日志按功能分为：_____、_____、_____ 3 类。

13．数据备份的 4 个组成部分分别是：_____、_____、_____、_____。

14．主流的资产管理工具有：_____和_____。

15．主流的监控工具有：_____和_____。

16．主流的流程管理工具有：_____和_____。

17.质量管理的 P-D-C-A 循环包括：_____、_____、_____、
_____。

18.系统管理制度包括：_____、_____、_____、_____4
个方面。

19．ITIL 服务生命周期的 5 个阶段分别是：_____、_____、
_____、_____、_____。

二、简述题

1．简述大数据系统主要的 3 种应用场景和对应的大数据系统技术
方案。

2．简述安装部署 HDP 的主要步骤。

3．列举几个具有代表性的大数据系统软件，并简要说明其作用。

4．简述事件管理的流程目标。

5．简述问题管理的流程。

6．为什么说 IT 运维管理的基础是配置管理？

7．为什么要做好变更管理？

8．你认为日志管理最大的作用是什么？

9．如果做好了安全防护措施，大数据系统还需不需要备份管理？

10．简述主流的监控管理工具，并探讨如何更好地利用这些工具？

11．流程管理的意义是什么？

12．在大数据系统管理中遵循 ITIL 规范有什么好处？

参考文献

[1] 朱琦，等．分布式应用系统运维理论与实践[M]．北京：中国
环境出版社，2014．

[2] 韩晓光．系统运维全面解析技术、管理和实践[M]．北京：电
子工业出版社，2015．

[3] Tow White．Hadoop 权威指南[M]．周敏奇，等，译．北京：清
华大学出版社，2011．

[4] 陈禹．信息系统管理工程师教程[M]．北京：清华大学出版社，
2006．

第 3 章

故障管理

即使再精心设计的系统,在运行过程中,由于一些无法预料的因素,也会遇到各种各样的故障。作为一个合格的系统运维人员,首先要对系统的架构、特征和弱点有所掌握;其次,"工欲善其事,必先利其器",排查和消除故障,需要先搭建并且掌握先进顺手的工具软件;再者,需要通过一个完整的流程和制度规范对故障进行报告、解决和管理。

本章更强调的是教给读者故障管理的通用方法和思路,使读者对运维工作的故障管理有一定掌握,并在后续的工作过程中起到一定帮助和指导作用。

3.1 集群结构

下面以 CDH（Cloudera Distribution Hadoop）版的 Hadoop 集群介绍集群结构。软件架构如图 3-1 所示。

CDH 的软件体系结构中包含了以下模块:系统部署和管理,数据存储,资源管理,处理引擎,安全、数据管理,工具库以及访问接口。一些关键组件的角色信息如表 3-1 所示。

集群服务器按照节点承担的任务分为管理节点和工作节点。管理节点上一般部署各组件的管理角色,工作节点一般部署有各角色的存储、容器或计算角色。根据业务类型不同,集群具体配置也有所区别,以实时流处理服务集群为例:Hadoop 实时流处理性能对节点内存和 CPU 有较高要求,基于 Spark Streaming 的流处理消息吞吐量可随着节点数量增加而线性增长。硬件配置如表 3-2 所示。

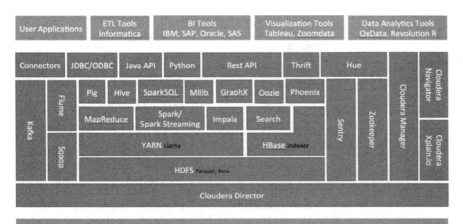

图 3-1 CDH 架构

表 3-1 CDH 功能

模 块	组 件	管 理 角 色	工 作 角 色
系统部署和管理	Cloudera Manager	Cloudera Manager Server	Cloudera Manager Agent
		Host Monitor	
		Service Monitor	
		Reports Manager	
		Alert Publisher	
		Event Server	
	Cloudera Director		
数据存储	HDFS	NameNode	DataNode
		Secondary NameNode	
		JournalNode	
		FailoberController	
	HBase	HBase Master	RegionServer
资源管理	YARN	ResourceManager	NodeManager
		Job HistoryServer	
处理引擎	Spark	History Server	
	Impala	Impala Catalog Server	Impala Daemon
		Impala StateStore	
	Search		Solr Server
安全、数据管理	Sentry	Sentry Server	
	Cloudera Navigator	Navigator KeyTrustee	
		Navigator Metadata Server	
		Navigator Audit Server	
工具库	Hive	Hive Metastore	
		Hive Server2	

表 3-2　硬件配置

	管 理 节 点	工 作 节 点
处理器	两路 Intel®至强处理器，可选用 E5-2630 处理器	两路 Intel®至强处理器，可选用 E5-2660 处理器
内核数	6 核/CPU（或者可选用 8 核/CPU），主频 2.3GHz 或以上	6 核/CPU（或者可选用 8 核/CPU），主频 2.0GHz 或以上
内存	64GB ECC DDR3	64GB ECC DDR3
硬盘	2 个 2TB 的 SAS 硬盘（3.5 寸），7200RPM，RAID1	4～12 个 4TB 的 SAS 硬盘（3.5 寸），7200r/min，不使用 RAID
网络	至少两个 1Gb/s 以太网电口，推荐使用光口提高性能。可以两个网口链路聚合提供更高带宽	至少两个 1Gb/s 以太网电口，推荐使用光口提高性能。可以两个网口链路聚合提供更高带宽
硬件尺寸	1U 或 2U	1U 或 2U
接入交换机	48 口千兆交换机，要求全千兆，可堆叠	
聚合交换机（可选）	4 口 SFP+万兆光纤核心交换机，一般用于 50 节点以上大规模集群	

一个中等规模的集群，集群的节点数一般在 20～200，通常的数据存储可以规划到几百太字节，适用于一个中型企业的数据平台，或者大型企业的业务部门数据平台。节点的复用程度可以降低，可以按照管理节点、主节点、工具节点和工作节点来划分。

3.2　故障报告

3.2.1　发现

在运维过程中，发现故障的方式一般分为用户报告、监控告警和人工检查 3 种。用户报告发现故障占总故障数量的比例越低，说明运维的成熟度越高，大部分故障都是运维团队自己发现，提前处理掉了。监控告警指的是通过监控系统配置的监控策略，自动发现异常，通过界面、声音、邮件、短信的方式通知到了管理员。而人工检查是监控告警的补充，对于监控未覆盖到的指标项，通过人工定期的巡检，诊断系统的健康情况。

在故障发现之后，需要精确描述，包括如何发现了故障（如果是用户，用户的联系方式要保留，便于后期回访），故障发生的时间点，故障的现象，故障暂时的影响等，只有把这些描述清楚了，才有可能在后续的流程中提升效率。一个典型的故障记录单如表 3-3 所示。

表 3-3 故障记录单

分 类	记 录
单号	20170511000328
状态	已指派
等待代码	等待管理员接单
记录人员	张三
分析员	李四
报告时间	2017-05-11 11:18:20
客户	王五
客户组织	业务一部
客户电话	×××
客户邮箱	×××
VIP 属性	VIP
故障来源	用户报告
摘要	大数据分析系统×无法登录
详细信息	今天 10:00，李四使用 Chrome 浏览器访问×系统时，在输入用户名和密码之后，页面出现错误信息"服务器内部故障 308，请联系管理员"，截图如附件所示
故障分类	大数据分析系统/×系统/用户登录故障
故障级别	低

3.2.2 影响分析

在运维部门，一般会有一、二、三线的人员划分：一线人员指的是客服人员或者监控值班人员，负责处理日常性的用户询问和故障处理；二线人员指的是专业的系统管理员，如网络管理员、服务器管理员、应用管理员等，当一线人员处理不了故障时，会有二线的管理员跟进；三线指的是系统开发人员，产品供应商，当发生比较深层的故障，如软件开发的问题，操作系统缺陷或者深层故障，会交给三线人员处理。

当故障发生之后，一线人员会通过故障记录单记录下故障的详细信息，然后分析这是一个服务器端的整体故障还是一个客户端的局部故障。这个可以从故障发生的范围和服务器端检查两方面入手，如果有 3个以上的用户反馈该问题，说明该故障的影响范围已经较大；如果只是单个用户反馈该问题，说明是局部故障的可能性较大。

判断故障的影响程度对后续处理有着直接的影响，不同的影响程度对应着不同的处置手段。在运维工作中，每天面对的都是各种各样的故障，如果对待每个故障都动用所有资源，可能会造成运维成本的急剧增加；如果对每个故障都不紧不慢，可能会影响系统的可用性甚至造成经济损失。对故障的影响程度进行分级，然后安排合适的资源给定合适的预期时间解决问题是一般运维工作的经验。故障影响分析如表 3-4 所示。

表 3-4　故障影响分析

类　　别	识　别　标　准	处　理　方　法
致命	核心系统整体功能或者核心功能失效	立即上报部门或者组织管理层；协调所有相关资源参与处置
高	核心系统的非核心功能失效；非核心系统的整体功能失效	协调二线立即参与处置
中	非核心系统的部分功能失效	协调二线参与处置
低	个别用户反馈无法使用；尚未导致功能受影响的故障	一线参与处置和进一步分析
微小	不对可用性造成影响，暂时不处理也没关系	记录

3.3　故障处理

3.3.1　故障诊断

参考大数据系统的系统架构，从故障发生的位置来看，可以分为应用层故障、系统层故障、网络层故障、硬件层故障、机房环境故障、客户端故障等。从故障的原因出发，在运维过程中的常见故障如表 3-5 所示。

表 3-5　常见故障

故　障　原　因	描　　述
人为操作失误	由于人为操作失误造成的故障，例如误删了系统重要文件
性能容量问题	由于访问量增加，运行时间的累积，JVM HEAP 空间、磁盘空间、线程数、网络连接数、打开文件数等超限
软件缺陷	软件在开发过程中遗留的缺陷，常常在升级变更之后发生，所以也有变更是故障之母的说法
硬件故障	服务器零件故障，当集群中的服务器达到一定规模时，硬件故障难免发生
兼容性问题	由于应用、服务器、网络等配置参数的冲突，放在一个环境运行时，产生了问题，例如杀毒软件影响了应用的运行，备份任务干扰了网络流量，防火墙阻断了应用的长连接等

在故障诊断中，有如下几个重要因素。

（1）故障的完整描述

如本节前文所述，准确的故障描述至关重要，能帮助管理员把故障的范围缩小，对故障的发生源有个预判定位，避免在大范围内浪费资源。通过故障的完整描述，应该能核实以下信息：该问题的具体报错码，具体报错时间，是不是首次发生等。如果信息比较模糊，还需要反复确认。

（2）监控信息、dump 文件、日志等现场快照

故障发生时的现场信息是排查故障的关键，如同车祸现场的视频记录一样，日志、监控信息、dump 文件、网络抓包情况是故障现场的记录数据。一些没有经验的开发者往往由于开发的应用输出的日志太少，在生产环境出现问题时，没有任何记录，排查故障时也毫无头绪。大多数故障都可以通过日志发现端倪，一些复杂的故障要依靠多种手段才能定位原因。如果当时无法定位原因，则需要考虑通过降低日志输出的级别，在关键位置增加日志，部署一些详细监控的策略，等待故障再次发生时，能够捕获更多的信息。

（3）文档、经验和知识

通过现场快照发现了错误的具体信息后，还要结合系统本身的文档、知识库或者管理员的经验，进行进一步分析。例如已经发现了服务器应用输出的日志有明显的错误信息，显示网络连接失败。可能该问题过去已经发生过，是由于访问量上升时，服务端无法再创建新的连接造成的。如果该经验没有记录到文档或者知识库中，而人员又不是当时处理故障的人员，则还需要花费资源进行诊断。一般的大型组织都会建立自己的知识库或者文档库，各种开源软件也会有相应的文档或者论坛在互联网上开放，可以通过搜索引擎检索到软件相关的问题记录和解决情况。

3.3.2 故障排除

故障排除通常有两种做法：变通解决和根本解决。变通解决指的是当故障造成了系统不可用时，恢复服务是第一位的，如同医生抢救病人一样，先救活再说。根本解决指的是找到故障的深层原因，在源头上予以解决。例如，应用程序的缺陷造成了程序运行了一段时间会崩溃退出，此时先将程序重新启动恢复服务，重启动作就是变通解决，等找到了程序的缺陷，通过升级变更予以消除，这就是根本解决。

对于不同种类的故障也有不同的排除方法，如表 3-6 所示。

表 3-6　故障排除方法

排除方法	适应场景
重启服务	软件或者硬件不明原因的故障，通过重启相关模块来恢复服务，但要注意的是，复杂系统尤其是分布式系统包含多台服务器，多个应用模块，按照怎样的顺序重启，重启哪些模块也都是需要注意的点
性能调度	当访问量激增时，系统会出现卡顿，一些模块可能会由于资源耗尽而无法再服务，可以通过扩充系统性能来解决。如果系统是部署在云上，可以通过云管理平台动态地增加 CPU、内存，甚至整个服务器等来解决性能问题
修补数据	当故障造成了数据错误、丢失、重复的情况，故障的处理就会变得异常麻烦，如果数据特别重要，一定需要修复，则需要安排资源对数据进行逐笔核对，识别出错误的地方，这个工作量通常非常大
升级变更	如果是硬件故障，通过升级变更更换硬件；如果是软件问题，通过升级变更修复缺陷
隔离、重置等其他应急操作	当系统存在冗余的模块，为了避免流量仍然导向到故障模块，则可以彻底手工隔离故障模块；一些系统可能由于自身结构原因，会有一些常发性故障，例如用户登录状态错误，则可以将重置用户登录状态做成一个功能，方便在排除故障时使用
自动化	在有了一定故障处理经验和原则之后，对于固定场景的故障，可以考虑开发成自动处理，在捕获到异常之后，由系统管理模块对故障进程自动隔离、自动重启、自动重置、自动扩容等

3.4　故障后期管理

3.4.1　建立和更新知识库

在 3.2.1 节中已经介绍过，在发现故障之后，需要通过单据记录故障的信息，在故障的分析和处理过程中，也需要通过单据记录处理情况，保证运维工作的完整可跟踪，如果是用户反馈的问题，还需要对用户进行回访。一般的机构会遵循 ITIL 的事件和问题流程来对故障进行管理。故障处理过程中的单据是宝贵的经验，是企业知识库的一部分信息来源。

关于企业知识库的建立，是因为运维工作所需的大量知识分散保存在文档管理系统或者个人计算机中，需要时查找不便，找到又发现版本不统一，甚至陈旧过时。通过建设知识管理系统，可实现对大量有价值的案例、规范、手册、经验等知识进行分类存储和管理，积累知识资产避免流失；规范知识的存储、分类，实现便捷高效的查询；通过记录并分析使用者的知识行为，促进知识的学习、共享、利用和传承，并与现有的管理系统、流程系统进行衔接，实现不同系统间知识的整合。

而对于故障处理的经验，除了故障处理流程记录之外，也可以针对一些典型故障，创建或者更新知识库，便于以后重复利用，减少排查故障时的工作量。

3.4.2 故障预防

对于重大故障，找到故障的根本原因有助于预防和消除同类故障。海恩法则是德国飞机涡轮机的发明者德国人帕布斯·海恩提出的，即一个在航空界关于飞行安全的法则。海恩法则指出：每一起严重事故的背后，必然有 29 次轻微事故和 300 起未遂先兆以及 1000 起事故隐患。法则强调两点：一是事故的发生是量的积累的结果；二是再好的技术，再完美的规章，在实际操作层面，也无法取代人自身的素质和责任心。

海恩法则多被用于企业的生产管理，特别是安全管理中。海恩法则对企业来说是一种警示，它说明任何一起事故都是有原因的，并且是有征兆的；它同时说明安全生产是可以控制的，安全事故是可以避免的；它也给了企业管理者生产安全管理的一种方法，即发现并控制征兆。具体来说，利用海恩法则进行生产的安全管理主要步骤如下。

（1）首先任何生产过程都要进行程序化，这样使整个生产过程都可以进行考量，这是发现事故征兆的前提。

（2）对每一个程序都要划分相应的责任，可以找到相应的负责人，要让他们认识到安全生产的重要性，以及安全事故带来的巨大危害性。

（3）根据生产程序的可能性，列出每一个程序可能发生的事故，以及发生事故的先兆，培养员工对事故先兆的敏感性。

（4）在每一个程序上都要制定定期的检查制度，及早发现事故的征兆。

（5）在任何程序上一旦发现生产安全事故的隐患，要及时地报告，要及时地排除。

（6）在生产过程中，即使有一些小事故发生，可能是避免不了或者经常发生，也应引起足够的重视，要及时排除。当事人即使不能排除，也应该向安全负责人报告，以便找出这些小事故的隐患，及时排除，避免安全事故的发生。

许多企业在对安全事故的认识和态度上普遍存在一个"误区"：只重视对事故本身进行总结，甚至会按照总结得出的结论"有针对性"地开展安全大检查，却往往忽视了对事故征兆和事故苗头进行排查；而那些未被发现的征兆与苗头，就成为下一次事故的隐患，长此以往，安全事故的发生就呈现出"连锁反应"。一些企业会发生安全事故，甚至重特大安全事故接连发生，问题就在于对事故征兆和事故苗头的忽视。

3.5 作业与练习

一、问答题

1．从故障的原因出发，故障可以分为哪些种类？

2．当发生故障时，需要记录哪些相关信息？

3．运维的一线、二线、三线人员的工作职责如何划分？

二、判断题

1．当故障发生时，每次都应该先排查原因，再解决问题。

2．所有的故障都需要立即协调所有资源进行处理。

3．重启服务是解决软件故障的唯一办法。

4．部分影响程度小的故障可以暂缓处理。

参考文献

[1] 金梁．重提海恩法则[J]．企业管理，2015（9）.

[2] 陈志斌．信息化生态环境下企业内部控制框架研究[J]．会计研究，2017（1）.

第 4 章

性能管理

大数据的利用需经过大数据采集、大数据清洗、大数据集成、大数据转换等环节，再进入大数据分析和挖掘阶段，在这个阶段，由于涉及大量的数据读取和操作处理，其性能的表现将直接决定大数据应用的实用性。

本章以开源 Hadoop 大数据平台为例，阐述大数据性能分析、监控和优化的方法。

4.1 性能分析

性能管理系统实时采集应用性能数据，并保存在性能库中，这些数据称之为性能因子，诊断专家可以对比当前和过去不同时刻的性能因子，分析性能数据的差异，找到性能问题的原因，优化系统性能。

另外，可以对历史性能因子数据进行统计分析，能够使用户直观地看到较长时间段内系统总体应用性能表现的发展和变化过程，这些不同角度的性能表现数据称之为性能指标，通过性能指标可以对将来的发展趋势做出判断和预测，并对将来的系统扩容、新系统设备选型等提供技术指标参考。

4.1.1 性能因子

影响 Hadoop 大数据作业性能的因子有以下几点。

❑ Hadoop 配置：配置对 Hadoop 集群的性能是非常重要的；不合理的配置会产生 CPU 负载、内存交换、I/O 等的额外开销问题。

❏ 文件大小：特别大和特别小的文件都会影响 Map 任务的性能。

❏ Mapper、Reducer 的数量：会影响 Map、Reduce 的任务和 Job 的性能。

❏ 硬件：节点的性能、配置规划及网络硬件的性能会直接影响到作业的性能。

❏ 代码：质量差的代码会影响 Map/Reduce 性能。

4.1.2　性能指标

Hadoop 作业常用性能指标包括如下内容。

❏ Elapsed time：作业的执行时间。

❏ Total Allocated Containers：分配给作业的执行容器数目。

❏ Number of maps，Launched map tasks：作业发起的 Map 任务数目。

❏ Number of reduces，Launched reduce tasks：作业发起的 Reduce 任务数目。

❏ Job state：作业的执行状态，如 SUCCEEDED。

❏ Total time spent by all map tasks (ms)：所有的 Map 任务执行的时间。

❏ Total time spent by all reduce tasks (ms)：所有的 Reduce 任务执行的时间。

❏ Total vcore-seconds taken by all map tasks：所有的 Map 任务占用虚拟核的时间。

❏ Total vcore-seconds taken by all reduce tasks：所有的 Reduce 任务占用虚拟核的时间。

❏ Map input records：Map 任务输入的记录数目。

❏ Map output records：Map 任务输出的记录数目。

❏ Map output bytes：Map 任务输出的字节数目。

❏ Map output materialized bytes：Map 任务输出的未经解压的字节数目。

❏ Input split bytes：输入文件的分片大小，单位为字节。

❏ Combine input records：合并的输入记录数目。

❏ Combine output records：合并的输出记录数目。

❏ Reduce input groups：Reduce 任务的输入组数目。

❏ Reduce shuffle bytes：Map 传输给 Reduce 用于 shuffle 的字节数。

❏ Reduce input records：Reduce 任务输入的记录数目。

❏ Reduce output records：Reduce 任务输出的记录数目。

❏ Spilled Records：溢出（Spilled）的记录数目。

- Shuffled Maps：Shuffled 的 Map 任务数目。
- Failed Shuffles：失败的 Shuffle 数。
- Merged Map outputs：合并的 Map 输出数。
- GC time elapsed (ms)：通过 JMX 获取到执行 Map 与 Reduce 的子 JVM 总共的 GC 时间消耗。
- CPU time spent (ms)：花费的 CPU 时间。
- Physical memory (bytes) snapshot：占用的物理内存快照。
- Virtual memory (bytes) snapshot：占用的虚拟内存快照。
- Total committed heap usage (bytes)：总共占用的 JVM 堆空间。
- File：Number of bytes read=446，文件系统的读取的字节数。
- File：Number of bytes written，文件系统的写入的字节数。
- File：Number of read operations，文件系统的读操作的次数。
- File：Number of large read operations，文件系统的大量读的操作次数。
- File：Number of write operations，文件系统的写操作的次数。
- HDFS: Number of bytes read，HDFS 的读取的字节数。
- HDFS: Number of bytes written，HDFS 的写入的字节数。
- HDFS: Number of read operations，HDFS 的读操作的次数。
- HDFS: Number of large read operations，HDFS 的大量读的操作次数。
- HDFS: Number of write operations，HDFS 的写操作的次数。
- File Input Format Counters：Bytes Read。Job 执行过程中，Map 端从 HDFS 读取的输入的 split 源文件内容大小，不包括 Map 的 split 元数据；如果是压缩的文件则是未经解压的文件大小。
- File Output Format Counters：Bytes Written。Job 执行完毕后把结果写入到 HDFS，该值是结果文件的大小；如果是压缩的文件则是未经解压的文件大小。
- JVM 内存使用。
  - ☑ 堆内存 Heap Memory：代码运行使用内存。
  - ☑ 非堆内存 Non Heap Memory：JVM 自身运行使用内存。
- 磁盘空间使用。
  - ☑ Configured Capacity：GB，所有的磁盘空间。
  - ☑ DFS Used：MB，当前 HDFS 的使用空间。
  - ☑ Non DFS Used：GB，非 HDFS 所使用的磁盘空间。
  - ☑ DFS Remaining：GB，HDFS 可使用的磁盘空间。

- ❏ files and directories：文件和目录数。
- ❏ HDFS 文件信息。
  - ☑ Size：大小。
  - ☑ Replication：副本数。
  - ☑ Block Size：块大小。

4.2 性能监控工具

应用系统的性能管理是通过性能监控工具来完成的。性能监控工具不但管理操作系统平台的性能、网络的性能、数据库的性能，而且能够在事物一级对企业系统进行监控和分析，指出系统瓶颈，并且允许管理员设置各种预警条件，在资源还没有被耗尽以前，系统或管理员就可以采取一些预防性措施，保证系统高效运行，增强系统的可用性。

在 Hadoop 应用平台中内置了性能监控工具，下面介绍 Hadoop 的内置监控工具。

Hadoop 启动时会运行两个服务器进程：一个为用于 Hadoop 各进程间进行通信的 RPC 服务进程；另一个是提供了便于管理员查看 Hadoop 集群各进程相关信息页面的 http 服务进程。其中，最常用的是 Hadoop 的名为 NameNode 的 Web 管理工具。

4.2.1 GUI

通过浏览器查看 Hadoop NameNode 开放的 50070 端口，可以了解到 Hadoop 集群的基本配置信息和监控到 Hadoop 集群的状态，分别如图 4-1～图 4-4 所示。

← → C　① 10.1.89.17:50070/dfshealth.html#tab-overview

Hadoop　Overview　Datanodes　Datanode Volume Failures　Snapshot　Startup Progress　Utilities

Overview 'master:8020' (active)

Started:	Tue Apr 18 11:29:10 CST 2017
Version:	2.7.1, r15ecc87ccf4a0228f35af08fc56de536e6ce657a
Compiled:	2015-06-29T06:04Z by jenkins from (detached from 15ecc87)
Cluster ID:	CID-f1814741-d9a2-4d94-8aa1-adcff8cdfcc6
Block Pool ID:	BP-1688754380-10.1.89.17-1492486135710

图 4-1　集群基本信息（1）

ⓘ 10.1.89.17:50070/dfshealth.html#tab-overview

Summary

Security is off.

Safemode is off.

1 files and directories, 0 blocks = 1 total filesystem object(s).

Heap Memory used 271.32 MB of 958.5 MB Heap Memory. Max Heap Memory is 958.5 MB.

Non Heap Memory used 38.17 MB of 38.94 MB Commited Non Heap Memory. Max Non Heap Memory is 130 MB.

Configured Capacity:	29.95 GB
DFS Used:	24 KB (0%)
Non DFS Used:	5.73 GB
DFS Remaining:	24.22 GB (80.86%)
Block Pool Used:	24 KB (0%)
DataNodes usages% (Min/Median/Max/stdDev):	0.00% / 0.00% / 0.00% / 0.00%
Live Nodes	3 (Decommissioned: 0)
Dead Nodes	0 (Decommissioned: 0)
Decommissioning Nodes	0
Total Datanode Volume Failures	0 (0 B)
Number of Under-Replicated Blocks	0

图 4-2　集群基本信息（2）

ⓘ 10.1.89.17:50070/dfshealth.html#tab-overview

Total Datanode Volume Failures	0 (0 B)
Number of Under-Replicated Blocks	0
Number of Blocks Pending Deletion	0
Block Deletion Start Time	2017/4/18 上午11:29:10

NameNode Journal Status

Current transaction ID: 3

Journal Manager	State
FileJournalManager(root=/usr/cstor/hadoop/cloud/dfs/name)	EditLogFileOutputStream

NameNode Storage

Storage Directory	Type	State
/usr/cstor/hadoop/cloud/dfs/name	IMAGE_AND_EDITS	Active

图 4-3　集群基本信息（3）

　　8088 端口是 Hadoop 的资源管理框架 YARN 开放的监控端口，通过
浏览器访问 8088 端口，可以监控作业的运行信息，包括如下方面。

Datanode Information

In operation

Node	Last contact	Admin State	Capacity	Used	Non DFS Used
slave2:50010 (10.1.89.18:50010)	0	In Service	9.98 GB	8 KB	1.91 GB
slave1:50010 (10.1.71.16:50010)	0	In Service	9.98 GB	8 KB	1.91 GB
slave3:50010 (10.1.71.17:50010)	0	In Service	9.98 GB	8 KB	1.91 GB

Node	Remaining	Blocks	Block pool used	Failed Volumes	Version
slave2:50010 (10.1.89.18:50010)	8.07 GB	0	8 KB (0%)	0	2.7.1
slave1:50010 (10.1.71.16:50010)	8.07 GB	0	8 KB (0%)	0	2.7.1
slave3:50010 (10.1.71.17:50010)	8.07 GB	0	8 KB (0%)	0	2.7.1

图 4-4　集群基本信息（4）

（1）运行了哪些作业，每个作业的类型、执行时间、起始时间、结束时间、当前状态、最终状态等，如图 4-5 所示。

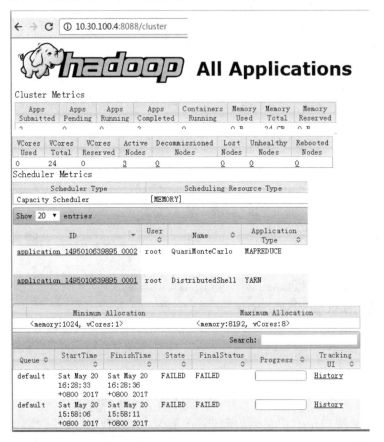

图 4-5　作业基本信息

（2）作业运行在集群的哪些计算节点上。

如图 4-6 所示为作业详细信息例子，作业运行的节点如图 4-7 所示，即运行在两个 data node 节点上，分别是 slave1 和 slave3。

```
            User: root
            Name: QuasiMonteCarlo
Application Type: MAPREDUCE
Application Tags:
YarnApplicationState: FAILED
FinalStatus Reported by FAILED
            AM:
         Started: Sat May 20 16:28:33 +0800 2017
         Elapsed: 2sec
    Tracking URL: History
     Diagnostics: Application application_1495010639895_0002 failed 2 times
```

图 4-6　作业详细信息例子

```
                                                    Application Metrics
              Total Resource Preempted: <memory:0, vCores:0>
Total Number of Non-AM Containers Preempted: 0
      Total Number of AM Containers Preempted: 0
    Resource Preempted from Current Attempt: <memory:0, vCores:0>
Number of Non-AM Containers Preempted from Current Attempt: 0
          Aggregate Resource Allocation: 4130 MB-seconds, 2 vcore-seconds
```

Show 20 ▼ entries		Search:
Attempt ID	Started	Node	
appattempt_1495010639895_0002_000002	Sat May 20 16:28:35 +0800 2017	http://slave3:8042	Logs
appattempt_1495010639895_0002_000001	Sat May 20 16:28:33 +0800 2017	http://slave1:8042	Logs
Showing 1 to 2 of 2 entries		First Previous 1

图 4-7　作业运行节点

（3）HDFS 文件信息，包括 Size、Replication、Block Size，如图 4-8 所示。

Browse Directory

/user/root/QuasiMonteCarlo_1496131133155_811889410/in

Permission	Owner	Group	Size	Last Modified
-rw-r--r--	root	supergroup	118 B	2017/5/30 下午3:58:55
-rw-r--r--	root	supergroup	118 B	2017/5/30 下午3:58:55

Replication	Block Size	Name
3	128 MB	part0
3	128 MB	part1

图 4-8　HDFS 信息

4.2.2 集群 CLI

通过 YARN、mapred 等 CLI 工具，也可监控作业的运行。如下所示为其中一些操作。

以下命令列出当前运行的作业应用：

```
[root@master ~]# yarn application -list
17/05/28 21:20:04 INFO client.RMProxy: Connecting to ResourceManager at
master/10.30.248.5:8032
17/05/28 21:20:05 WARN util.NativeCodeLoader: Unable to load native-hadoop
library for your platform... using builtin-java classes where applicable
Total number of applications (application-types: [] and states: [SUBMITTED,
ACCEPTED, RUNNING]):1
Application-Id    Application-Name    Application-Type    User    Queue
 application_1495286256909_0005    QuasiMonteCarlo    MAPREDUCE
root default    State    Final-State    Progress    Tracking-URL
ACCEPTED    UNDEFINED    0%
```

以下是 YARN CLI 的所有命令用法：

```
[root@master ~]# yarn application -help
17/05/28 14:38:24 INFO client.RMProxy: Connecting to ResourceManager at
master/10.30.248.5:8032
17/05/28 14:38:24 WARN util.NativeCodeLoader: Unable to load native-hadoop
library for your platform... using builtin-java classes where applicable
usage: application
 -appStates <States>               Works with -list to filter applications
                                   based on input comma-separated list of
                                   application states. The valid application
                                   state can be one of the following:
                                   ALL,NEW,NEW_SAVING,SUBMITTED,
ACCEPTED,RUN
                                   NING,FINISHED,FAILED,KILLED
 -appTypes <Types>                 Works with -list to filter applications
                                   based on input comma-separated list of
                                   application types.
 -help                             Displays help for all commands.
 -kill <Application ID>            Kills the application.
 -list                             List applications. Supports optional use
                                   of -appTypes to filter applications based
                                   on application type, and -appStates to
                                   filter applications based on application
                                   state.
 -movetoqueue <Application ID>     Moves the application to a different
```

	queue.
-queue <Queue Name>	Works with the movetoqueue command to specify which queue to move an application to.
-status <Application ID>	Prints the status of the application.

以下命令列出当前运行的作业：

```
[root@master ~]# mapred job -list
17/05/28 21:21:45 WARN util.NativeCodeLoader: Unable to load native-hadoop
library for your platform... using builtin-java classes where applicable
17/05/28 21:21:45 INFO client.RMProxy: Connecting to ResourceManager at
master/10.30.248.5:8032
Total jobs:1
```

JobId	State	StartTime	UserName	Queue	Priority	UsedContainers	RsvdContainers	UsedMem	RsvdMem	NeededMem	AM info
job_1495286256909_0007	PREP	1495977705884	root	default	NORMAL	1	0	2048M	0M	2048M	
http://master:8088/proxy/application_1495286256909_0007/											

以下命令列出之前运行的所有历史作业：

```
[root@master hadoop]# mapred job -list all
17/06/04 19:19:32 INFO client.RMProxy: Connecting to ResourceManager at
master/10.30.248.5:8032
Total jobs:23
```

JobId	State	StartTime	UserName	Queue	Priority	UsedContainers	RsvdContainers	UsedMem	RsvdMem	NeededMem	AM info
job_1495286256909_0016	SUCCEEDED	1496117359080	root	default	NORMAL	N/A		N/A	N/A	N/A	N/A
http://master:8088/proxy/application_1495286256909_0016/											
job_1495286256909_0017	SUCCEEDED	1496117407162	root	default	NORMAL	N/A		N/A	N/A	N/A	N/A
http://master:8088/proxy/application_1495286256909_0017/											
job_1495286256909_0003	FAILED	1495977187836	root	default	NORMAL	N/A		N/A	N/A	N/A	N/A
http://master:8088/cluster/app/application_1495286256909_0003											
job_1495286256909_0018	SUCCEEDED	1496131137273	root	default	NORMAL	N/A		N/A	N/A	N/A	N/A

```
        http://master:8088/proxy/application_1495286256909_0018/
 job_1495286256909_0024      SUCCEEDED   1496147508903
root       default      NORMAL              N/A                N/A
N/A       N/A        N/A
        http://master:8088/proxy/application_1495286256909_0024/
 job_1495286256909_0019      SUCCEEDED   1496132683157
root       default      NORMAL              N/A                N/A
N/A       N/A        N/A
        http://master:8088/proxy/application_1495286256909_0019/
 job_1495286256909_0004      FAILED      1495977501707
root       default      NORMAL              N/A                N/A
N/A       N/A        N/A
        http://master:8088/cluster/app/application_1495286256909_0004
 job_1495286256909_0026      SUCCEEDED   1496147979186
root       default      NORMAL              N/A                N/A
N/A       N/A        N/A
        http://master:8088/proxy/application_1495286256909_0026/
 job_1495286256909_0025      SUCCEEDED   1496147583292
root       default      NORMAL              N/A                N/A
N/A       N/A        N/A
        http://master:8088/proxy/application_1495286256909_0025/
 job_1495286256909_0020      SUCCEEDED   1496133886994
root       default      NORMAL              N/A                N/A
N/A       N/A        N/A
        http://master:8088/proxy/application_1495286256909_0020/
 job_1495286256909_0013      SUCCEEDED   1496116698854
root       default      NORMAL              N/A                N/A
N/A       N/A        N/A
        http://master:8088/proxy/application_1495286256909_0013/
 job_1495286256909_0022      SUCCEEDED   1496135014648
root       default      NORMAL              N/A                N/A
N/A       N/A        N/A
        http://master:8088/proxy/application_1495286256909_0022/
 job_1495286256909_0001      FAILED      1495289772229
root       default      NORMAL              N/A                N/A
N/A       N/A        N/A
        http://master:8088/cluster/app/application_1495286256909_0001
 job_1495286256909_0023      SUCCEEDED   1496135396583
root       default      NORMAL              N/A                N/A
N/A       N/A        N/A
        http://master:8088/proxy/application_1495286256909_0023/
 job_1495286256909_0002      FAILED      1495977099368
root       default      NORMAL              N/A                N/A
N/A       N/A        N/A
        http://master:8088/cluster/app/application_1495286256909_0002
```

```
job_1495286256909_0009          FAILED       1495978822879
root       default       NORMAL              N/A              N/A
N/A        N/A         N/A
    http://master:8088/cluster/app/application_1495286256909_0009
job_1495286256909_0005          FAILED       1495977603257
root       default       NORMAL              N/A              N/A
N/A        N/A         N/A
    http://master:8088/cluster/app/application_1495286256909_0005
job_1495286256909_0021          SUCCEEDED  1496134059337
root       default       NORMAL              N/A              N/A
N/A        N/A         N/A
    http://master:8088/proxy/application_1495286256909_0021/
job_1495286256909_0015          SUCCEEDED  1496117239013
root       default       NORMAL              N/A              N/A
N/A        N/A         N/A
    http://master:8088/proxy/application_1495286256909_0015/
job_1495286256909_0008          FAILED       1495978610808
root       default       NORMAL              N/A              N/A
N/A        N/A         N/A
    http://master:8088/cluster/app/application_1495286256909_0008
job_1495286256909_0006          FAILED       1495977687881
root       default       NORMAL              N/A              N/A
N/A        N/A         N/A
    http://master:8088/cluster/app/application_1495286256909_0006
job_1495286256909_0007          FAILED       1495977705884
root       default       NORMAL              N/A              N/A
N/A        N/A         N/A
    http://master:8088/cluster/app/application_1495286256909_0007
job_1495286256909_0014          SUCCEEDED  1496117184317
root       default       NORMAL              N/A              N/A
N/A        N/A         N/A
    http://master:8088/proxy/application_1495286256909_0014/
```

以下命令列出运行的队列：

```
[root@master ~]# mapred queue -list
17/05/28 21:33:00 WARN util.NativeCodeLoader: Unable to load native-hadoop
library for your platform... using builtin-java classes where applicable
17/05/28 21:33:00 INFO client.RMProxy: Connecting to ResourceManager at
master/10.30.248.5:8032
======================
Queue Name : default
Queue State : running
Scheduling Info : Capacity: 100.0, MaximumCapacity: 100.0, CurrentCapacity:
0.0
```

以下命令列出作业队列运行的作业：

```
[root@master ~]#   mapred queue -info default -showJobs
17/05/28 21:36:50 WARN util.NativeCodeLoader: Unable to load native-hadoop
library for your platform... using builtin-java classes where applicable
17/05/28 21:36:50 INFO client.RMProxy: Connecting to ResourceManager at
master/10.30.248.5:8032
======================
Queue Name : default
Queue State : running
Scheduling Info : Capacity: 100.0, MaximumCapacity: 100.0, CurrentCapacity:
12.5
Total jobs:1
                      JobId       State          StartTime      UserName
Queue      Priority  UsedContainers      RsvdContainers       UsedMem
RsvdMem  NeededMem       AM info
 job_1495286256909_0008              PREP    1495978610808
root       default        NORMAL                 1                0
2048M         0M        2048M
       http://master:8088/proxy/application_1495286256909_0008/
```

以下是 mapred job CLI 的所有命令用法：

```
[root@master hadoop]# mapred job -help
Usage: CLI <command> <args>
    [-submit <job-file>]
    [-status <job-id>]
    [-counter <job-id> <group-name> <counter-name>]
    [-kill <job-id>]
    [-set-priority  <job-id>  <priority>].  Valid  values  for  priorities  are:
VERY_HIGH HIGH NORMAL LOW VERY_LOW
    [-events <job-id> <from-event-#> <#-of-events>]
    [-history <jobHistoryFile>]
    [-list [all]]
    [-list-active-trackers]
    [-list-blacklisted-trackers]
    [-list-attempt-ids <job-id> <task-type> <task-state>]. Valid values for <task-
type> are REDUCE MAP. Valid values for <task-state> are running, completed
    [-kill-task <task-attempt-id>]
    [-fail-task <task-attempt-id>]
    [-logs <job-id> <task-attempt-id>]

Generic options supported are
-conf <configuration file>        specify an application configuration file
-D <property=value>               use value for given property
-fs <local|namenode:port>         specify a namenode
```

```
-jt <local|resourcemanager:port>      specify a ResourceManager
-files <comma separated list of files>       specify comma separated files to be
copied to the map reduce cluster
-libjars <comma separated list of jars>       specify comma separated jar files to
include in the classpath.
-archives <comma separated list of archives>       specify comma separated
archives to be unarchived on the compute machines.

The general command line syntax is
bin/hadoop command [genericOptions] [commandOptions]
```

4.2.3　操作系统自带工具

通过操作系统自带的工具，如 vmstat，可以监控到节点的物理运行性能。vmstat 可以监控每个节点的资源占用信息，下面以一个例子说明。

1．master 节点

运行以下命令时：

```
[root@master usr]# vmstat
procs -----------memory---------- ---swap-- -----io---- -system-- ------cpu-----
 r  b   swpd   free   buff  cache   si   so    bi    bo   in   cs us sy id wa st
 0  0 1988020 97168624  1064 27340588   1    1    11    6    0    0  1  0
99  0  0
```

以下列出该命令显示信息的简要含义，更详细的说明请参见相关 Linux 手册。

（1）Procs

❑　r：等待运行的进程数。

❑　b：不可中断的睡眠的进程数。

（2）Memory

❑　swpd：已使用的虚拟内存空间。

❑　free：空闲的内存空间。

❑　buff：作为数据预存缓冲使用的内存空间。

❑　cache：作为高速缓存使用的内存空间。

❑　inact：非活动的内存空间。

❑　active：活动的内存空间。

（3）Swap

❑　si：从磁盘交换进内存的空间。

❑　so：从内存交换到磁盘的空间。

（4）IO

❏ bi：从块设备读取到的块数。

❏ bo：写入块设备的块数。

（5）System

❏ in：每秒的中断数，包括时钟。

❏ cs：每秒的上下文切换数。

（6）CPU

显示进程在各个运行模式或状态下占用 CPU 时间的百分比。

❏ us：非内核运行模式（用户进程）的时间。

❏ sy：内核运行模式（系统进程）的时间。

❏ id：空间时间。

❏ wa：等待 IO 的时间。

❏ st：从虚拟机借用的时间。

以下命令可以查看磁盘使用的信息：

```
[root@master bin]# vmstat -D
            44 disks
            4 partitions
   1309263366 total reads
     21466414 merged reads
  12980501745 read sectors
    242899741 milli reading
    262394856 writes
     26304046 merged writes
   5678483280 written sectors
   1425544409 milli writing
            0 inprogress IO
        68490 milli spent IO
[root@master bin]# vmstat -d


disk- ------------reads------------ ------------writes----------- -----IO------
       total   merged   sectors    ms  total merged sectors   ms  cur  sec
sda 4680033 20450216 202107883 3371128 79620693 23466914 1758586520
85952641  0  4850
sdb      140       0      1984     116      0       0       0       0    0    0
sdc      140       0      1984     118      0       0       0       0    0    0
sdd   216003331  462970 2024587100 48544285 10861567 1456848
273478952  9456321  0  16129
sde  206058485 553377 1925019513 47347292 9501443 1380314 262258800
9320387  0  14874
dm-0    7973      0    778225    6856 78433741       0 1510997920 55328096  0
```

```
3590
dm-1    25164149    0  201314304  18156190  30352289    0  242818312
1130208576    0    1295
md127 423088745    0 3949601453 0 19341824  0 535737752  0  0  0
dm-4    142    0    2145    17    4741    0 4766192  730661    0    6
dm-2    413400935    0  3307207504  90006790  7398128    0  34459408
1522545    0  22896
dm-3    9660245    0  642171597  17392804  11943647    0  501278056
65189790    0    2174
dm-5    9660245    0  642171597  17411843  11943647    0  501278056
65205794    0    2212
dm-14    129    0    12225    69    15    0    4280    31    0    0
dm-15    371    0    33249    193    174005    0 2786056    2833    0    2
dm-24    129    0    12225    83    15    0    4280    30    0    0
dm-25    45019    0 2678377    21150 1124064    0 13337072  792190    0    59
dm-26    129    0    12225    67    15    0    4280    30    0    0
dm-27    40722    0 1792313    13364 528736    0 7362184  217062    0    45
dm-16    129    0    12225    78    15    0    4280    31    0    0
dm-17    420    0    32377    180    326    0    5720    835    0    0
dm-8    129    0    12225    59    15    0    4280    31    0    0
dm-9    411    0    32169    158    74    0    5728    620    0    0
dm-10    129    0    12225    82    15    0    4280    23    0    0
dm-11 163836    0 10081137    75930 305365    0 4044896  309450    0    52
dm-12    129    0    12225    66    15    0    4280    28    0    0
dm-13    85485    0 4537545    36006 329047    0 4141328  571509    0    36
dm-22    129    0    12225    68    15    0    4280    30    0    0
dm-23 1207543    0  65765313    513690 478199    0  16361904  372685
0    262
dm-36    129    0    12225    63    15    0    4280    32    0    0
dm-37    417    0    32337    183    76    0    5720    887    0    0
disk- ------------reads------------ ------------writes----------- -----IO------
       total merged sectors   ms   total merged sectors   ms   cur   sec
dm-20    129    0    12225    70    15    0    4280    30    0    0
dm-21    5101    0    233945    1685    54675    0 4705800  357262    0    8
dm-32    129    0    12225    80    15    0    4280    37    0    0
dm-33    573    0    40289    211    197    0    8544    915    0    0
dm-6    129    0    12225    60    15    0    4280    26    0    0
dm-7    485    0    42673    218    75    0    5792    679    0    0
dm-34    129    0    12225    62    15    0    4280    25    0    0
dm-35    596    0    48001    244    218    0    8712    1000    0    0
dm-18    129    0    12225    57    15    0    4280    26    0    0
dm-19    480    0    42593    203    76    0    5792    640    0    0
dm-30    129    0    12225    91    15    0    4280    30    0    0
dm-31    488    0    42769    219    327    0    5776    1072    0    0
dm-38    129    0    12225    73    15    0    4280    30    0    0
dm-39    412    0    32201    161    74    0    5728    579    0    0
```

以下列出该命令显示信息的简要含义，更详细的说明请参见相关 Linux 手册。

最左侧的 disk 表示当前大数据节点配置的所有硬盘。

（1）Reads

❑ total：完成的读操作。

❑ merged：合并的读操作。

❑ sectors：读取的扇区。

❑ ms：读操作所花时间，毫秒。

（2）Writes

❑ total：完成的写操作。

❑ merged：合并的写操作。

❑ sectors：写入的扇区。

❑ ms：写操作所花时间，毫秒。

（3）I/O

❑ cur：当前正处理的 I/O。

❑ s：I/O 所花时间，秒。

2．slave 节点

在执行 job 时：

```
[root@slave1 ~]# vmstat -a -w 2
procs -------------memory------------- ---swap-- -----io---- -system-- --------cpu--------
 r  b     swpd        free      inact      active   si  so   bi    bo
 in     cs      us  sy  id   wa    st
 4  0  2607948  118955864  4452720     6621560   1   1    10    6
 0      0       0   0  100   0     0
 0  1  2795684  118949456  4687572   6396768      48 93930 11056 99522
17027  12201    3   1   96    0     0
 2  0  2831936  118946792  4684256   6401168     286 18378 39770 24424
16093  14718    2   1   96    1     0
……（截取部分信息）
```

其中各项参数含义如下。

❑ us、sy、id：显示 CPU 占用信息。

❑ r、b：显示运行队列、等待的进程；配合前者，可反映 CPU 繁忙程度。

❑ bi、bo：显示 I/O 操作信息。

❑ swpd、free：显示内存使用信息。

以下命令显示磁盘的性能。

```
[root@slave1 ~]# vmstat -D
           42 disks
           4 partitions
    1159189075 total reads
     27172362 merged reads
   11520915563 read sectors
    241207425 milli reading
    193399497 writes
     33697867 merged writes
    5793502568 written sectors
    1552796101 milli writing
           0 inprogress IO
        58768 milli spent IO


[root@slave1 ~]# vmstat -d

disk- ------------reads----------- ------------writes---------- -----IO------
      total merged sectors     ms  total merged sectors     ms  cur    sec
sda    6925472 26182950  265808659  4499990  34445958  30510766
1840069200   55649565    0    4909
sdb    201     0    2472   171     0     0     0     0    0    0
sdc    201     0    2472   138     0     0     0     0    0    0
……（截取部分信息）
```

3. client 节点

```
[root@client usr]# vmstat -s
    131747136 K total memory
      8538372 K used memory
     26850328 K active memory
     35266816 K inactive memory
     66413080 K free memory
         1444 K buffer memory
     56794236 K swap cache
      4194300 K total swap
      2788280 K used swap
      1406020 K free swap
     63686685 non-nice user cpu ticks
        48440 nice user cpu ticks
     22287715 system cpu ticks
   19107689693 idle cpu ticks
      3439759 IO-wait cpu ticks
```

```
        0 IRQ cpu ticks
   398253 softirq cpu ticks
        0 stolen cpu ticks
1650289921 pages paged in
 791596852 pages paged out
  18030185 pages swapped in
  25625015 pages swapped out
3316377356 interrupts
3486926490 CPU context switches
1491979402 boot time
   5934052 forks
```

4．vmstat 命令

以下是 vmstat 的所有命令用法。

```
[root@client usr]# vmstat -help]

Usage:
 vmstat [options] [delay [count]]

Options:
 -a, --active           active/inactive memory
 -f, --forks            number of forks since boot
 -m, --slabs            slabinfo
 -n, --one-header       do not redisplay header
 -s, --stats            event counter statistics
 -d, --disk             disk statistics
 -D, --disk-sum         summarize disk statistics
 -p, --partition <dev>  partition specific statistics
 -S, --unit <char>      define display unit
 -w, --wide             wide output
 -t, --timestamp        show timestamp

 -h, --help      display this help and exit
 -V, --version   output version information and exit

For more details see vmstat(8).
```

更详细的命令用法解释请参见相关的 Linux 手册。

操作系统自带其他监控工具根据版本不同，还可包括 stat、sar、top、time、ps、ipcs、iostat、mpstat、pidstat、netstat 等，请参考相关的 Linux 手册。

4.2.4 Ganglia

Ganglia 是 UC Berkeley 发起的一个开源监控项目，可用于监控数以千计的节点的运行。

Ganglia 底层使用 RRDTool 获得数据，Ganglia 主要分为两个进程组件：

- gmond（ganglia monitor deamon）。
- gmetad（ganglia metadata deamon）。

其中，gmond 运行在集群每个节点上，收集 RRDTool 产生的数据；gmetad 运行在监控服务器上，收集每个 gmond 的数据。Ganglia 还提供了一个 PHP 实现的 web front end，一般使用 Apache2 作为其运行环境，通过 Web Front 可以看到直观的各种集群数据图表。

Ganglia 的层次化结构做得非常好，由小到大可以分为 node→cluster→grid 这 3 个层次。

- 一个 node 就是一个需要监控的节点，一般是个主机，用 IP 表示。每个 node 上运行一个 gmond 进程用来采集数据，并提交给 gmetad。
- 一个 cluster 由多个 node 组成，就是一个集群，可以给集群定义名字。一个集群可以选一个 node 运行 gmetad 进程，汇总/拉取 gmond 提交的数据，并部署 web front，将 gmetad 采集的数据用图表展示出来。
- 一个 grid 由多个 cluster 组成，是一个更高层面的概念，此外，还可以给 grid 定义名字。grid 中可以定义一个顶级的 gmetad 进程，汇总/拉取多个 gmond、子 gmetad 提交的数据，部署 web front，将顶级 gmetad 采集的数据用图表展示出来。

Ganglia 工作原理如图 4-9 和图 4-10 所示，每个被检测的节点或集群运行一个 gmond 进程，进行监控数据的收集、汇总和发送。gmond 既可以作为发送者（收集本机数据），也可以作为接收者（汇总多个节点的数据）。通常在整个监控体系中只有一个 gmetad 进程。该进程定期检查所有的 gmonds，主动收集数据，并存储在 RRD 存储引擎中。ganglia-web 是使用 PHP 编写的 Web 界面，以图表的方式展现存储在 RRD 中的数据。通常与 gmetad 进程运行在一起。

Ganglia 可监控各种指标，包括内存、CPU、I/O、网络、进程等，其监控页面示意图分别如图 4-11 和图 4-12 所示。

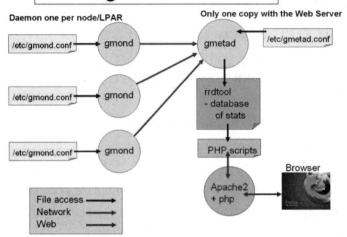

图 4-9　Ganglia 工作原理（1）

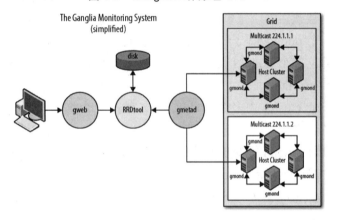

图 4-10　Ganglia 工作原理（2）

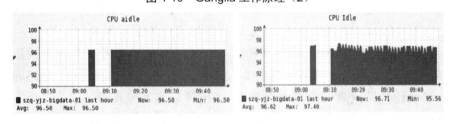

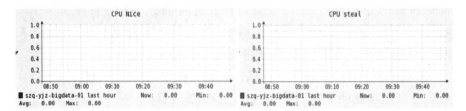

图 4-11　Ganglia 监控画面（1）

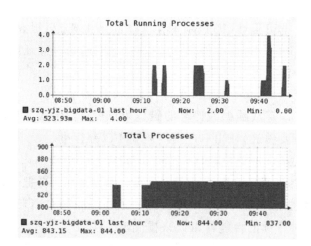

图 4-12　Ganglia 监控画面（2）

4.2.5　其他监控工具

其他常用监控工具还有 Dr.Elephant、nagios、eBay Eagle 等。如图 4-13 所示为 Dr.Elephant 的监控画面，非常直观地显示了内存性能问题，并给出了内存优化建议，也是个非常实用的工具。

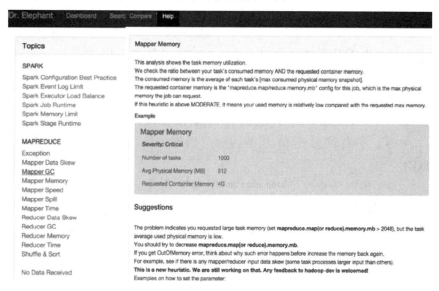

图 4-13　Dr.Elephant 的监控画面

4.3　性能优化

4.3.1　Hadoop 集群配置规划优化

1. Hadoop 硬件配置规划优化

❑　机架：节点平均分布在机架之间，可以提高读操作性能，并提高数据可用性；节点副本存储在同一机架，可提高写操作性能。Hadoop 默认是存储 3 份副本，其中两份存储在同一机架上，另一份在另一机架上。

- ❑ 主机：Master 机器配置高于 Slave 机器配置。
- ❑ 磁盘：存放数据做计算的磁盘可以做 RAID 0，或考虑冗余保护需要做 RAID 0+1，提高磁盘 I/O 并行度。

由于磁盘 I/O 的速度是比较慢的，如果一个进程的内存空间不足，它会将内存中的部分数据暂时写到磁盘，当需要时，再把磁盘上面的数据写到内存上面。因此可以设置合理的预读缓冲区大小来提高 Hadoop 里面大文件顺序读的性能，以此来提高 I/O 性能。

- ❑ 网卡：多网卡绑定，做负载均衡或者主备冗余保护。

2. 操作系统规划优化

以下合理规划对文件系统的性能提升会有较大帮助。

Cache mode、I/O scheduler、调度参数、文件块大小、inode 大小、日志功能、文件时间戳方式、同步或异步 I/O、writeback 模式等规划。

3. Hadoop 集群配置规划优化

（1）集群节点内存分配

例如，一个数据节点，假如 task 并行度为 p，单个任务内存开销为 m G，则节点内存配置：

$m \times 4$ (DataNode)$+ m \times 2$ (NodeManager)$+ m \times 4$ (ZooKeeper)$+ m \times p$

例子：并行度为 8，单任务内存开销为 1GB，则节点内存可配置为 18GB。

（2）集群节点规模

假如每天产生的大数据容量为 dTB，需保存 t 个月，每个节点硬盘容量 hTB，Hadoop 数据副本数为 k（通常为 3），硬盘最佳利用率 R（常取 70%），则配置的节点数 n 可计算如下：

$$n = d \times k \times t \times 30 / h / R$$

例子：如果每天产生的大数据容量为 1TB，需保存 1 个月，每个节点硬盘容量 2TB，Hadoop 数据副本数 k 为 3，硬盘最佳利用率 70%，则节点数 n 计算如下：

$$n = 1 \times 3 \times 1 \times 30 / 2 / 70\%，约为 65$$

4.3.2 Hadoop 性能优化

下面介绍 Hadoop 层面的性能优化措施。

1．内存优化

（1）NameNode、DataNode 内存调整

在$HADOOP_HOME/etc/hadoop/hadoop-env.sh 配置文件中，设置 NameNode、DataNode 的守护进程内存分配可参照如下方案：

```
export
HADOOP_NAMENODE_OPTS="-Xmx512m-Xms512m -Dhadoop.security.logg
er=${HADOOP_SECURITY_LOGGER:-INFO,RFAS} -Dhdfs.audit.logger=${HD
FS_AUDIT_LOGGER:-INFO,NullAppender} $HADOOP_NAMENODE_OPTS"
```

即将内存分配设置成 512MB。

```
DataNode：
export HADOOP_DATANODE_OPTS="-Xmx256m -Xms256m -Dhadoop.securi
ty.logger=ERROR,RFAS $HADOOP_DATANODE_OPTS"
```

即将内存分配设置成 256MB。

注意：-Xmx、-Xms 这两个参数保持相等可以防止 JVM 在每次垃圾回收完成后重新分配内存。

（2）ResourceManager、NodeManager 内存调整

在$HADOOP_HOME/etc/hadoop/yarn-env.sh 配置文件中，设置内存分配如下，可以修改其中内存设置值：

```
ResourceManager：
export YARN_RESOURCEMANAGER_HEAPSIZE=1000
export YARN_RESOURCEMANAGER_OPTS=""
```

即将内存分配设置成 1000MB。

```
NodeManager：
export YARN_NODEMANAGER_HEAPSIZE=1000
export YARN_NODEMANAGER_OPTS=""
```

即将内存分配设置成 1000MB。

（3）Task、Job 内存调整

在$HADOOP_HOME/etc/hadoop/yarn-site.xml 文件中配置：

```
yarn.scheduler.minimum-allocation-mb/
yarn.scheduler.maximum-allocation-mb
```

其中设置了单个可申请的最小/最大内存量。默认值为 1024MB/8192MB。

```
yarn.nodemanager.resource.memory-mb：
```

总的可用物理内存量，默认值为 8096MB。

对于 MapReduce 而言，每个作业的内存量可通过以下参数设置：

```
mapreduce.map.memory.mb:
```

设置物理内存量，默认值为 1024MB。

2. 配置多个 MapReduce 工作目录，提高 I/O 性能

在以下配置文件中设置相关参数，达到分散 I/O、提高 I/O 性能的目的。

```
$HADOOP_HOME/etc/hadoop/yarn-site.xml:
```

yarn.nodemanager.local-dirs：存放中间结果。

yarn.nodemanager.log-dirs：存放日志。

```
$HADOOP_HOME/etc/hadoop/mapred-site.xml:
```

mapreduce.cluster.local.dir：MapReduce 的缓存数据存储在文件系统中的位置。

$HADOOP_HOME/etc/hadoop/hdfs-site.xml：提供多个备份以提高可用性。

dfs.namenode.name.dir：HDFS 格式化 namenode 时生成的 nametable 元文件的存储目录。

dfs.namenode.edits.dir：HDFS 格式化 namenode 时生成的 edits 元文件的存储目录。

dfs.datanode.data.dir：存放数据块（dateblock）的目录。

多个目录之间以"，"分开，如：

```
/data1/dfs/name,/data2/dfs/name, /data3/dfs/name
```

3. 压缩 MapReduce 中间结果，提高 I/O 性能

由于 HDFS 存储有多个副本，为避免大量硬盘 I/O 或网络传输的开销，可以压缩 MapReduce 中间结果，提高性能。

配置$HADOOP_HOME/etc/hadoop/mapred-site.xml 文件：

```
<property>
 <name>mapreduce.map.output.compress</name>
 <value>true</value>
</property>
<property>
<name>mapreduce.map.output.compress.codec</name>
<value>org.apache.hadoop.io.compress.SnappyCodec</value>
</property>
```

其中，mapreduce.map.output.compress.codec 指定压缩算法。

根据性能提高目标，选择压缩算法。

❑ 希望提高 CPU 的处理性能，可以更换速度快的压缩算法，如
Snappy。

❑ 希望提高磁盘的 I/O 性能，可以更换压缩力度大的压缩算法，
如 Bzip2。

❑ 希望提高均衡性能，可使用 LZO、Gzip 压缩。

表 4-1 列出了各压缩技术的对比结果。

表 4-1　压缩技术比较

压缩格式	split	native	压缩率	速度	Hadoop 自带	Linux 命令	换成压缩格式后，原来的应用程序是否要修改
Gzip	否	是	很高	比较快	是	有	和文本处理一样，不需要修改
LZO	是	是	比较高	很快	否	有	需要建索引，还需要指定输入格式
Snappy	否	是	比较高	很快	否	没有	和文本处理一样，不需要修改
Bzip2	是	否	最高	慢	是	有	和文本处理一样，不需要修改

4. 调整虚拟 CPU 个数

```
yarn.scheduler.minimum-allocation-vcores /
yarn.scheduler.maximum-allocation- vcores
```

设置单个可申请的最小/最大虚拟 CPU 个数。例如设置为 2 和 8，则运行 MapReduce 作业时，每个 Task 最少可申请虚拟 CPU 数量在 2～8 之间。

默认值分别为 1 和 32。

```
yarn.nodemanager.resource.cpu-vcores：
```

设置总的可用 CPU 数目。默认值为 8。

对于 MapReduce 而言，每个作业的虚拟 CPU 数可通过以下参数设置：

```
mapreduce.map.cpu.vcores：
```

CPU 数目默认值为 1。

5. 其他优化常用技巧

以下技巧也是常用的改善性能的实用方法。

❑ 在 Map 节点使用 Combiner，将多个 Map 输出合并成一个，减少输出结果。

❑ HDFS 文件系统中避免大量小文件存在。

相对于大量的小文件，Hadoop 更适合于处理少量的大文件。如果文件很小且文件数量很多，那么每次 Map 任务只处理很少的输入数据，每次 Map 操作都会造成额外的开销。

$HADOOP_HOME/etc/hadoop/mapred-site.xml：

mapreduce.input.fileinputformat.split.minsize，控制 Map 任务输入划分的最小字节数。默认值为 0。

大量小文件优化方法：用 org.apache.hadoop.mapreduce.lib.input. CombineFileInputFormat 把多个文件合并到一个分片中，使得每个 mapper 可以处理更多的数据。在决定哪些块放入同一个分片时，CombineFileInputFormat 将考虑到节点和机架的因素，以实现资源开销最小化。

❑ 调整以下参数可以调整 Map、Reduce 任务并发数量。

```
mapred.map.tasks,
mapred.min.split.size,
mapred.min.split.size
mapred.max.split.size
dfs.blocksize
mapred.reduce.tasks
```

4.3.3 作业优化

在经过以上 Hadoop 性能优化后，如果对作业运行还有加快的需求，则采用以下优化方法可以进一步提升作业运行性能。

（1）减少作业时间

检查每个 mapper 的平均运行时间，如果发现 mapper 运行时间过短（如每个 mapper 运行≤10s），说明 mapper 没有得到良好的利用，需要减少 mapper 的数量使 mapper 运行更长的时间，以减少整个作业执行时间。

例如，提交运行 pi 作业，map 达到 32 时：

```
Estimated value of Pi is 3.15000000000000000000
[root@slave2 hadoop]# bin/hadoop jar share/hadoop/mapreduce/hadoop-
mapreduce-examples-2.7.1.jar pi 32 10
Number of Maps   = 32
Samples per Map = 10
17/05/30 20:39:36 WARN util.NativeCodeLoader: Unable to load native-hadoop
library for your platform... using builtin-java classes where applicable
```

Wrote input for Map #0

Wrote input for Map #1

Wrote input for Map #2

Wrote input for Map #3

Wrote input for Map #4

Wrote input for Map #5

Wrote input for Map #6

Wrote input for Map #7

Wrote input for Map #8

Wrote input for Map #9

Wrote input for Map #10

Wrote input for Map #11

Wrote input for Map #12

Wrote input for Map #13

Wrote input for Map #14

Wrote input for Map #15

Wrote input for Map #16

Wrote input for Map #17

Wrote input for Map #18

Wrote input for Map #19

Wrote input for Map #20

Wrote input for Map #21

Wrote input for Map #22

Wrote input for Map #23

Wrote input for Map #24

Wrote input for Map #25

Wrote input for Map #26

Wrote input for Map #27

Wrote input for Map #28

Wrote input for Map #29

Wrote input for Map #30

Wrote input for Map #31

Starting Job

17/05/30 20:39:38 INFO client.RMProxy: Connecting to ResourceManager at master/10.30.248.5:8032

17/05/30 20:39:38 INFO input.FileInputFormat: Total input paths to process : 32

17/05/30 20:39:38 INFO mapreduce.JobSubmitter: number of splits:32

17/05/30 20:39:39 INFO mapreduce.JobSubmitter: Submitting tokens for job: job_1495286256909_0026

17/05/30 20:39:39 INFO impl.YarnClientImpl: Submitted application application_1495286256909_0026

17/05/30 20:39:39 INFO mapreduce.Job: The url to track the job: http://master:8088/proxy/application_1495286256909_0026/

17/05/30 20:39:39 INFO mapreduce.Job: Running job: job_1495286256909_

```
0026
17/05/30  20:39:46  INFO  mapreduce.Job:  Job  job_1495286256909_0026
running in uber mode : false
17/05/30 20:39:46 INFO mapreduce.Job:    map 0% reduce 0%
17/05/30 20:40:05 INFO mapreduce.Job:    map 9% reduce 0%
17/05/30 20:40:06 INFO mapreduce.Job:    map 19% reduce 0%
17/05/30 20:40:15 INFO mapreduce.Job:    map 22% reduce 0%
17/05/30 20:40:16 INFO mapreduce.Job:    map 28% reduce 0%
17/05/30 20:40:17 INFO mapreduce.Job:    map 31% reduce 0%
17/05/30 20:40:18 INFO mapreduce.Job:    map 38% reduce 0%
17/05/30 20:40:23 INFO mapreduce.Job:    map 44% reduce 0%
17/05/30 20:40:26 INFO mapreduce.Job:    map 47% reduce 15%
17/05/30 20:40:28 INFO mapreduce.Job:    map 50% reduce 15%
17/05/30 20:40:29 INFO mapreduce.Job:    map 53% reduce 17%
17/05/30 20:40:30 INFO mapreduce.Job:    map 59% reduce 17%
17/05/30 20:40:33 INFO mapreduce.Job:    map 59% reduce 20%
17/05/30 20:40:34 INFO mapreduce.Job:    map 63% reduce 20%
17/05/30 20:40:35 INFO mapreduce.Job:    map 69% reduce 21%
17/05/30 20:40:36 INFO mapreduce.Job:    map 72% reduce 21%
17/05/30 20:40:38 INFO mapreduce.Job:    map 75% reduce 25%
17/05/30 20:40:41 INFO mapreduce.Job:    map 78% reduce 25%
17/05/30 20:40:42 INFO mapreduce.Job:    map 84% reduce 26%
17/05/30 20:40:44 INFO mapreduce.Job:    map 88% reduce 26%
17/05/30 20:40:46 INFO mapreduce.Job:    map 91% reduce 28%
17/05/30 20:40:48 INFO mapreduce.Job:    map 97% reduce 28%
17/05/30 20:40:49 INFO mapreduce.Job:    map 100% reduce 30%
17/05/30 20:40:50 INFO mapreduce.Job:    map 100% reduce 100%
17/05/30 20:40:51 INFO mapreduce.Job: Job job_1495286256909_0026 completed
successfully
17/05/30 20:40:51 INFO mapreduce.Job: Counters: 49
    File System Counters
        FILE: Number of bytes read=710
        FILE: Number of bytes written=3820333
        FILE: Number of read operations=0
        FILE: Number of large read operations=0
        FILE: Number of write operations=0
        HDFS: Number of bytes read=8342
        HDFS: Number of bytes written=215
        HDFS: Number of read operations=131
        HDFS: Number of large read operations=0
        HDFS: Number of write operations=3
    Job Counters
        Launched map tasks=32
        Launched reduce tasks=1
```

```
            Data-local map tasks=32
            Total time spent by all maps in occupied slots (ms)=287274
            Total time spent by all reduces in occupied slots (ms)=33834
            Total time spent by all map tasks (ms)=287274
            Total time spent by all reduce tasks (ms)=33834
            Total vcore-seconds taken by all map tasks=287274
            Total vcore-seconds taken by all reduce tasks=33834
            Total megabyte-seconds taken by all map tasks=294168576
            Total megabyte-seconds taken by all reduce tasks=34646016
    Map-Reduce Framework
            Map input records=32
            Map output records=64
            Map output bytes=576
            Map output materialized bytes=896
            Input split bytes=4566
            Combine input records=0
            Combine output records=0
            Reduce input groups=2
            Reduce shuffle bytes=896
            Reduce input records=64
            Reduce output records=0
            Spilled Records=128
            Shuffled Maps =32
            Failed Shuffles=0
            Merged Map outputs=32
            GC time elapsed (ms)=12259
            CPU time spent (ms)=100360
            Physical memory (bytes) snapshot=6525378560
            Virtual memory (bytes) snapshot=28322742272
            Total committed heap usage (bytes)=6643777536
    Shuffle Errors
            BAD_ID=0
            CONNECTION=0
            IO_ERROR=0
            WRONG_LENGTH=0
            WRONG_MAP=0
            WRONG_REDUCE=0
    File Input Format Counters
            Bytes Read=3776
    File Output Format Counters
            Bytes Written=97
Job Finished in 73.108 seconds
Estimated value of Pi is 3.16250000000000000000
```

作业运行的监控界面如图 4-14 所示。

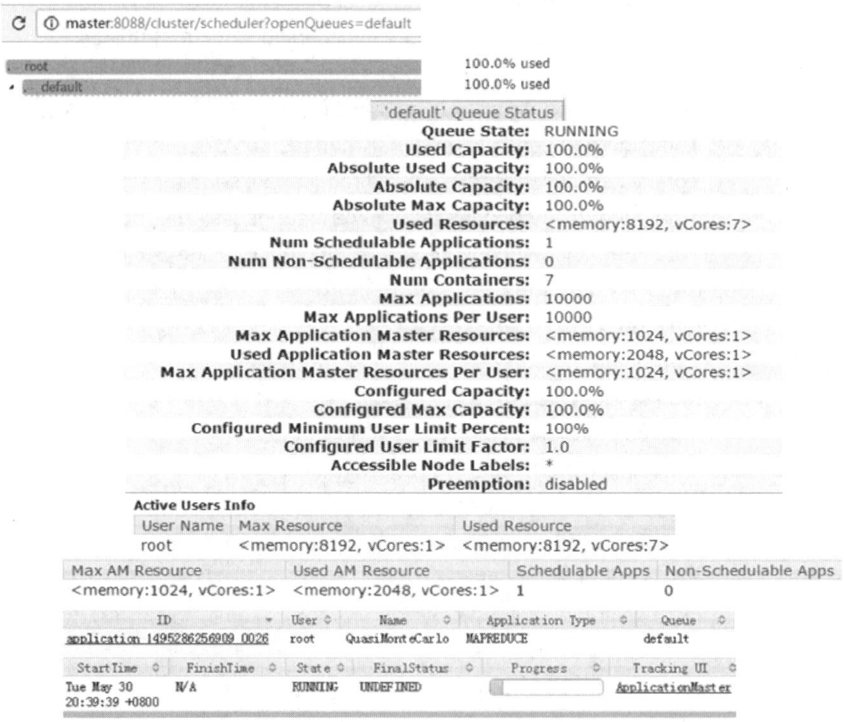

图 4-14　作业的运行时间及状态的监控界面（1）

其中，调度使用的计算能力达到 100%，container 可达 7 个，运行作业时间 73.108s。

把 map 减少为 2 时：

```
[root@slave2 hadoop]# bin/hadoop jar share/hadoop/mapreduce/hadoop-
mapreduce-examples-2.7.1.jar pi 2 10
Number of Maps  = 2
Samples per Map = 10
17/05/30 17:09:54 WARN util.NativeCodeLoader: Unable to load native-hadoop
library for your platform... using builtin-java classes where applicable
Wrote input for Map #0
Wrote input for Map #1
Starting Job
17/05/30 17:09:55 INFO client.RMProxy: Connecting to ResourceManager at
master/10.30.248.5:8032
17/05/30 17:09:56 INFO input.FileInputFormat: Total input paths to process : 2
17/05/30 17:09:56 INFO mapreduce.JobSubmitter: number of splits:2
17/05/30 17:09:56 INFO mapreduce.JobSubmitter: Submitting tokens for job:
job_1495286256909_0023
17/05/30 17:09:56 INFO impl.YarnClientImpl: Submitted application application_
1495286256909_0023
```

17/05/30 17:09:56 INFO mapreduce.Job: The url to track the job: http://master:
8088/proxy/application_1495286256909_0023/
17/05/30 17:09:56 INFO mapreduce.Job: Running job: job_1495286256909_0023
17/05/30 17:10:02 INFO mapreduce.Job: Job job_1495286256909_0023 running
in uber mode : false
17/05/30 17:10:02 INFO mapreduce.Job: map 0% reduce 0%
17/05/30 17:10:10 INFO mapreduce.Job: map 100% reduce 0%
17/05/30 17:10:17 INFO mapreduce.Job: map 100% reduce 100%
17/05/30 17:10:17 INFO mapreduce.Job: Job job_1495286256909_0023 completed
successfully
17/05/30 17:10:17 INFO mapreduce.Job: Counters: 49
        File System Counters
                FILE: Number of bytes read=50
                FILE: Number of bytes written=347211
                FILE: Number of read operations=0
                FILE: Number of large read operations=0
                FILE: Number of write operations=0
                HDFS: Number of bytes read=522
                HDFS: Number of bytes written=215
                HDFS: Number of read operations=11
                HDFS: Number of large read operations=0
                HDFS: Number of write operations=3
        Job Counters
                Launched map tasks=2
                Launched reduce tasks=1
                Data-local map tasks=2
                Total time spent by all maps in occupied slots (ms)=11113
                Total time spent by all reduces in occupied slots (ms)=4195
                Total time spent by all map tasks (ms)=11113
                Total time spent by all reduce tasks (ms)=4195
                Total vcore-seconds taken by all map tasks=11113
                Total vcore-seconds taken by all reduce tasks=4195
                Total megabyte-seconds taken by all map tasks=11379712
                Total megabyte-seconds taken by all reduce tasks=4295680
        Map-Reduce Framework
                Map input records=2
                Map output records=4
                Map output bytes=36
                Map output materialized bytes=56
                Input split bytes=286
                Combine input records=0
                Combine output records=0
                Reduce input groups=2
                Reduce shuffle bytes=56
                Reduce input records=4
                Reduce output records=0

```
                Spilled Records=8
                Shuffled Maps =2
                Failed Shuffles=0
                Merged Map outputs=2
                GC time elapsed (ms)=293
                CPU time spent (ms)=4960
                Physical memory (bytes) snapshot=594358272
                Virtual memory (bytes) snapshot=2585853952
                Total committed heap usage (bytes)=603979776
        Shuffle Errors
                BAD_ID=0
                CONNECTION=0
                IO_ERROR=0
                WRONG_LENGTH=0
                WRONG_MAP=0
                WRONG_REDUCE=0
        File Input Format Counters
                Bytes Read=236
        File Output Format Counters
                Bytes Written=97
Job Finished in 21.906 seconds
Estimated value of Pi is 3.80000000000000000000
```

此时的监控界面如图 4-15 所示。

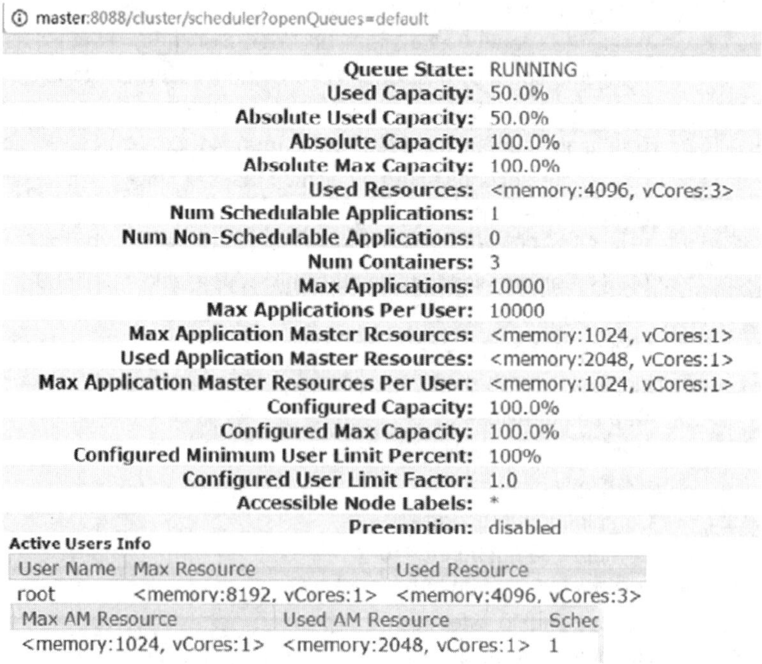

图 4-15　作业的运行时间及状态的监控界面（2）

其中，调度使用的计算能力只需 50%，container 3 个即可，运行作业时间 21.906s。

（2）调节节点任务

如果任务数远小于集群可以同时运行的最大任务数，可以把调度策略从 capacity scheduler 修改为 fair scheduler，使得各个节点的任务数接近平衡。在默认情况下资源调度器在一个心跳周期会尽可能多地分配任务给前面的节点，先发送心跳的节点将领到较多任务。

修改参数如下：

$HADOOP_HOME/etc/hadoop/yarn-site.xml 配置文件中的 yarn.scheduler.fair.max.assign 设置为 1（默认是-1）。

（3）优化 shuffle，提高 map/reduce 作业性能

Hadoop 把 map 的输出结果和元数据存入内存环形缓冲区，默认为 100MB。对于大集群，可增加它，如设为 200MB。当缓冲区达到一定阈值，如 80%，会启动一个后台线程来对缓冲区的内容进行排序，然后写入本地磁盘（一个 spill 文件）。

```
$HADOOP_HOME/etc/hadoop/mapred-site.xml:
mapreduce.task.io.sort.mb
```

默认值为 100MB。

```
mapreduce.map.sort.spill.percent
```

默认值为 0.8MB。

```
mapreduce.task.io.sort.factor
```

map 结果传到本地时，需要做合并 merge。增加它可增加 merge 的并发吞吐，从而提高 reduce I/O 性能。

默认值：10 个。

（4）代码优化

复用 Writables（Reuse Writables）。

在代码中使用"new Text"或"new IntWritable"时，如果它们出现在一个内部循环或是 map/reduce 方法的内部时，要避免在一个 map/reduce 方法中为每个输出都创建 Writable 对象。

例如，以下 Java 代码：

```
for (String word : words) {
 output.collect(new Text(word), new IntWritable(1));
    }
```

这种代码对性能的影响：会导致程序分配出成千上万个短周期的对象，给 Java 垃圾收集器带来较大负担，大大影响性能。

性能改进方法：把 new Text、newIntWritable 放到循环外。

Hadoop 是个不断进化完善的生态系统。更多的性能优化方法有待学习者在实践中总结提炼。

4.4 作业与练习

1．请列出 3 个以上主要性能因子。

2．请列出 5 个以上主要性能指标并说明其代表的含义。

3．请列出 3 个以上主要性能监测工具并说明它的运用方法。

4．Hadoop 集群配置规划优化可以采取哪些措施？

5．请说明 Hadoop 集群优化的 5 个技巧。

6．如何调整 map 任务数目？请比较调整 map 任务数的运行效果。

7．如何修改调度策略？

参考文献

[1] 刘鹏．大数据[M]．北京：电子工业出版社，2017．

[2] 刘鹏．大数据实验手册[M]．北京：电子工业出版社，2017．

第 5 章

安全管理

数据是企业或者其他组织的核心资产，一些新兴的互联网科技公司如 Facebook、阿里巴巴拥有用户的大量数据，对这些数据进行分析的价值甚至赶超了其主要营收业务的价值。在享受大数据分析便利和效果的同时，也必须注重安全管理，保护核心资产的保密性、完整性和可用性。

本章将介绍信息安全的基础概念和基础内容，包括安全管理、资产安全、应用安全、威胁管理、安全措施，通过引入一些案例提升读者的安全意识，重点对大数据系统的应用安全和数据安全进行介绍。

5.1 安全概述

安全管理的主要目标是保障系统的安全和稳定运行，以及资产的保密性、完整性和可用性。

- ❑ 保密性是指对数据的访问限制，只有被授权的人才能使用。
- ❑ 完整性特别是与数据相关的完整性，指的是保证数据没有在未经授权的方式下改变。
- ❑ 可用性是指计算机服务时间内，确保服务的可用（关于可用性的管理，详见第 6 章）。

在 ISO 中，信息安全的定义是在技术上和管理上为数据处理系统建立的安全保护，保护计算机硬件、软件和数据不因偶然和恶意的原因而遭到破坏、更改和泄漏。

自从互联网诞生以来,黑客和攻击就伴随而来,有关信息安全的问题一直呈现上升态势,如图 5-1 所示。

图 5-1 信息安全问题呈上升态势

而近十几年来,随着相关软硬件技术的发展,安全管理相关的技术越来越强,如代码扫描和漏洞检测工具的成熟、日志数据分析的智能化、防火墙和网络安全相关软件的性能增强、HTTPS 协议的广泛应用等,但是风险和威胁仍然没有消除,如何创建并且维护一个安全的系统,仍然是每一个从业者不得不考虑的问题。

5.2 资产安全管理

5.2.1 环境设施安全

环境可以分为服务器机房环境和终端办公环境。不管是哪一种环境,都必须先将环境划分成小的功能区,每个功能区设置门禁措施,只有配置了相关权限的人员才可以进出。门禁系统目前应用比较广泛的主要分为卡片式、密码式、生物特征式和混合式。卡片式的门禁系统,人员需凭刷卡进出;密码式门禁系统,人员凭借输入口令进出;生物特征式的门禁系统,人员可以通过指纹、虹膜、面部识别等生物特征进行进出;混合式的门禁系统可能会采取卡片、密码或者生物特征中的多种方式。而对于非企业内部的工作人员,最好有一套临时人员的进出登记制度,对于机房等关键场所,外来人员进入时需要有内部人员陪同。

为保护昂贵的电子设备和数据资源,机房一般都会配备报警及灭火系统。传统的水因为会破坏电子设备,因而在一般办公场所使用,而在机房灭火中使用较少。在国内，在机房中应用比较普遍的是气体灭火系统，该系统是将某些具有灭火能力的气态化合物，常温下储存于常温高压或低温低压容器中，在火灾发生时通过自动或手动控制设备施放到火灾发生区域，从而达到灭火目的。气体灭火种类较多，主要有二氧化碳、七氟丙烷、三氟甲烷、烟烙烬等。但应用气体灭火系统，也需要谨慎，防范人员被困造成的生命风险。

视频监控也是一个通用的安全管控手段，在关键的通道、入口处安装音视频监控设备，通过摄像和录音的方式获取环境的实时状态，并根据存储容量，保存数天或者数月的存档，方便以后调档查询。

除以上手段外，一般的数据中心也会有防水、防雷、防鼠患等措施，另外还需对机房温度、湿度、电力工作情况进行相关监控。

5.2.2　设备安全

为防各种设备的丢失或者损坏，设备的管理必不可少。常见的管控措施包括对所有设备进行统一登记和编码，在新购、维修、报废、迁移等环节对资产的配置信息进行及时维护，每年固定时间对设备信息进行审计复核。目前，已经有二维码或者 RFID 内置的标签，可以粘贴在各种设备的物理表面，方便进行统一管理。

5.3　应用安全

5.3.1　技术安全

1. 安全漏洞

由于应用层的入侵相对系统、网络、物理方面门槛较低，而应用又会由于需求的新增而快速发展，来自应用层的攻击不容小视。OWASP根据攻击向量、漏洞普遍性、漏洞可检测性、技术影响几个维度的评估，列出了 10 大 Web 应用漏洞，如表 5-1 所示。

表 5-1　OWASP TOP 10 Web 安全漏洞

漏　　洞	概　　述
注入	注入攻击漏洞，例如 SQL、OS 以及 LDAP 注入。这些攻击发生在当不可信的数据作为命令或者查询语句的一部分，被发送给解释器时。攻击者发送的恶意数据可以欺骗解释器，以执行计划外的命令或者在未被恰当授权时访问数据

漏　洞	概　述
失效的身份认证和会话管理	与身份认证和会话管理相关的应用程序功能往往得不到正确的实现，这就导致了攻击者破坏密码、密钥、会话令牌，或攻击其他的漏洞去冒充其他用户的身份（暂时或永久的）
跨站脚本（XSS）	当应用程序收到含有不可信的数据，在没有进行适当的验证和转义的情况下，就将它发送给一个网页浏览器，或者使用可以创建 JavaScript 脚本的浏览器 API，利用用户提供的数据更新现有网页，这就会产生跨站脚本攻击。XSS 允许攻击者在受害者的浏览器上执行脚本，从而劫持用户会话、危害网站或者将用户重定向到恶意网站
失效的访问控制	对于通过认证的用户所能够执行的操作，缺乏有效的限制。攻击者就可以利用这些缺陷来访问未经授权的功能和/或数据，例如访问其他用户的账户，查看敏感文件，修改其他用户的数据，更改访问权限等
安全配置错误	由于许多设置的默认值并不是安全的，因此，必须定义、实施和维护这些设置。此外，所有的软件应该保持及时更新
敏感信息泄露	许多 Web 应用程序和 API 没有正确保护敏感数据，如财务、医疗保健和 PII。攻击者可能会窃取或篡改此类弱保护的数据，进行信用卡欺骗、身份窃取或其他犯罪行为。敏感数据应该具有额外的保护，例如在存放或在传输过程中的加密，以及与浏览器交换时进行特殊的预防措施
攻击检测与防护不足	大多数应用和 API 缺乏检测、预防和响应手动或自动化攻击的能力。攻击保护措施不限于基本输入验证，还应具备自动检测、记录和响应，甚至阻止攻击的能力。应用所有者还应能够快速部署安全补丁以防御攻击
跨站请求伪造（CSRF）	一个跨站请求伪造攻击迫使登录用户的浏览器将伪造的 HTTP 请求，包括受害者的会话 cookie 和所有其他自动填充的身份认证信息，发送到一个存在漏洞的 Web 应用程序
使用含有已知漏洞的组件	组件，如库文件、框架和其他软件模块，具有与应用程序相同的权限。如果一个带有漏洞的组件被利用，这种攻击可以促成严重的数据丢失或服务器接管。应用程序和 API 使用带有已知漏洞的组件可能会破坏应用程序的防御系统，并使一系列可能的攻击和影响成为可能
未受有效保护的 API	现代应用程序通常涉及丰富的客户端应用程序和 API，如浏览器和移动 APP 中的 JavaScript，其与某类 API（SOAP/XML、REST/JSON、RPC、GWT 等）连接。这些 API 通常是不受保护的，并且包含许多漏洞

2. 安全开发

解铃还需系铃人，如果是应用代码本身产生的漏洞，那么在代码层加固或者编码时就避免是最根本的措施。

（1）设计完整的认证和授权

在设计和开发应用程序时，常会使用认证和授权技术来对用户或者用户的权限做出甄别。认证是系统鉴别该用户是否属于该系统的合法用户，基本原理是用户输入用户标识和口令，系统检验标识和口令是否匹配。为了提高安全性，用户除提供密码外，可能还需要提供生物标识、证书或者动态口令等。

由于 Web 应用中的用户众多，但是常能把用户划分成不同的角色，一般的 Web 应用权限系统的设计都会采用 RBAC（Role-bases Access Contrl）的模型。基于角色的访问控制 RBAC 是指在应用环境中，通过对合法的访问者进行角色认证来确定访问者在系统中对哪类信息有什么样的访问权限。系统只问用户是什么角色，而不管用户是谁。角色可以理解成为其工作涉及相同行为和责任范围内的一组人，一个访问者可以扮演多个角色，一个角色也可以包含多个访问者。角色访问控制具有以下优点：便于授权管理，便于赋予最小特权，便于根据工作需要分级，责任独立，便于文件分级管理，便于大规模实现。角色访问是一种有效而灵活的安全措施，系统管理模式明确，节约管理开销。

在具体的系统设计和实现中，两个重点的问题是：权限信息的存储和权限的校验。

在权限控制模块中，需要用到的信息有：系统的所有角色，系统的所有用户，系统所有的功能，系统所有的资源，用户跟角色之间的关系，角色跟功能之间的关系，角色跟资源之间的关系或者用户跟资源之间的关系。除了数据库以外，也可以使用 LDAP 服务器、XML 文件来存储权限信息。有了权限信息，就可以得出一个用户的精确权限信息。

针对权限的校验，主要有功能校验和数据校验两个方面。功能校验是检验用户能不能执行该项功能，而数据校验是检验用户能不能访问某项数据。在一个完善的权限校验系统中，两者缺一不可。进行权限校验时，会花费更多的系统开销，特别是对数据校验时，可能造成对数据库的重复访问，影响性能。在进行权限校验时，要针对系统的具体需求，总体设计进行考虑。

除了 RBAC 模型外，还有一些其他的权限控制方式去控制用户权限。如当数据的访问权限非常复杂，会使用 ACL 的方式；而在一些系统中，用户的权限是随着用户的状态和上下文变化的，这时就要使用基于用户属性的权限控制方式，通过逻辑计算用户的属性，来得到最后的权限信息。一些开发框架已经把权限控制的思想融入了进去，如 JAAS 和 ACEGI。

（2）数据过滤

因为危险输入造成的漏洞是危害性最大，影响面最广的。健壮的输入和输出过滤可以大大降低 Web 应用受攻击的风险。XSS 和 SQL 注入这两个高危风险都是由于没有数据过滤或者数据过滤不当引起的。

数据过滤策略包括输入过滤和输出过滤。输入过滤不当会造成恶意代码在服务器端执行，输出过滤不当会造成恶意代码在客户端执行。可能在服务器端执行的恶意代码有 SQL 语句、JSP 或者其他服务器容器指令、命令行指令、XML 语言；而可能在客户端执行的恶意代码主要是 HTML、JavaScript。

对输入的定义可以分为两种：定义错误输入的格式，不错误的即为正确输入；定义正确输入的格式，不正确的即为错误输入。第一种方法即为黑名单方式，第二种方法被称为白名单。白名单比黑名单从理论上更安全，因为正确输入的范围可以得到控制。

对于一般的输入，可以使用正则表达式定义数据、日期、电子邮件地址等数据格式。但是在很多 Web 应用中，允许用户个性化自己的页面，如一些博客网站、B2B 网站，用户可以提交 HTML 和 CSS 去构建自己的个性化页面，这种输入被称为富文本。这时，需要从语义上对用户输入进行分析和限定，目前应用比较广的是 antisamy 提供的 API，可以使用 XML 制定更详细的数据格式。

（3）敏感信息加密

对于黑客来说，有价值的数据只有读出来才有价值，而保护有价值信息最好的技术之一就是加密。加密是将信息的编码进行杂凑，使不知道密码的人无法获知数据的意义。对于 Web 应用来说，信息的传输和存储都需要加密。在传输层面上，可以使用 HTTPS 协议加密传输有密码、账户等敏感信息的 HTTP 请求或者回复；在服务器端，使用加密算法对保存在配置文件、数据库的用户密码进行加密存储，防止密码外泄。

（4）保留审计记录

对用户访问应用中的关键操作，应该予以记录，便于日后进行审计。审计记录的内容至少应包括事件日期、时间、发起者信息、类型、描述和结果等。审计的关键操作就是日志的记录。一种流行的日志 API 是 log4j 系列，而且它已经被移植到了 C、C++、C#、Perl、Python、Ruby 和 Eiffel 语言上。

3．安全测试

自动扫描工具可自动产生输入，根据输出来判断系统是否存在安全漏洞。自动化扫描工具速度较快，测试用例多，能有针对性地发现一些特定漏洞，如代码远程执行类的漏洞。但是自动化扫描工具也有局限性，它是根据 request 后的 response 来提取特征，从而发现漏洞。业界已经有一些比较成熟的工具，兼具上述功能的一种或者几种，如 IBM 的 AppScan、HP 的 WebInspect。另外也可以从代码扫描的角度出发，通过工具软件扫描代码中符合安全漏洞的特征，例如 Fortify。

自动扫描工具即使对部分漏洞来说也存在误报、漏报情况。但是由于其速度快，再结合人工检查确认的方式，可以比较客观地评估应用的安全情况。

4．运维加固

即使应用中预埋了安全漏洞，一般也需要通过输入才能触发，在应用架构中部署应用防火墙，通过定义恶意输入的规则，也可以在恶意输入到达应用前就进行过滤。

另外，对于整个系统中的操作系统、数据库、网络系统等，要定期进行扫描和评估，当该系统版本已经出现安全漏洞时，要及时进行升级或者安装补丁。

5.3.2　数据安全

1．存储安全

Hadoop 集群中，应用层实现了数据的多点备份和存储，每一份数据都有 3 个副本存储，任何一个副本故障都不会造成数据的丢失。如果在应用层没有实现数据的多点备份，那么在硬件层面要考虑 RAID（Redundant Arrays of Independent Disks，磁盘阵列）。

RAID 有"独立磁盘构成的具有冗余能力的阵列"之意。磁盘阵列是由很多价格较便宜的磁盘组合成一个容量巨大的磁盘组，利用个别磁盘提供数据所产生的加成效果提升整个磁盘的系统效能。利用这项技术，将数据切割成许多区段，分别存放在各个硬盘上。磁盘阵列还能利用同位检查（Parity Check）的观念，在数组中任意一个硬盘发生故障时，仍可读出数据，在数据重构时，将数据经计算后重新置入新硬盘中。RAID 技术主要包含 RAID 0～RAID 50 等数个规范，它们的侧重点各不相同。

大数据系统一般不是数据的生产者，而是进行数据的收集和分析，自身产生的数据主要是分析后的结果。从这个角度上来看，大数据系统就是一个源数据的备份系统，每天通过数据收集把源数据收集存储起来，但是数据的存储终归是需要成本的，而对于计算机存储的几级架构而言，存取速度越慢，价格越便宜。目前的 Hadoop 相关技术主要利用了相对主流标准的硬件设备，如常见的 PC server，而摒弃了昂贵的小型机和存储设备，但是硬件设备的成本总归是需要考虑的因素。在构建大数据系统中，要能够确定数据在系统中存储的时限，如定义好系统存储最近一月或者最近一年的数据，时间较老的数据在后续分析中的用途并不大，可以通过提取统计数据后，将较老的原始数据归档到磁带系统中，保持大数据系统本身的规模不会持续扩张。

2. 传输安全

如果数据的传输经过了不安全的网络，例如互联网，那么使用加密和安全的协议就是必要的措施。

超文本传输协议 HTTP 协议被用于在 Web 浏览器和网站服务器之间传递信息。HTTP 协议以明文方式发送内容，不提供任何方式的数据加密，如果攻击者截取了 Web 浏览器和网站服务器之间的传输报文，就可以直接读懂其中的信息，因此 HTTP 协议不适合传输一些敏感信息。为了解决 HTTP 协议的这一缺陷，需要使用另一种协议：安全套接字层超文本传输协议 HTTPS。为了数据传输的安全，HTTPS 在 HTTP 的基础上加入了 SSL 协议，SSL 依靠证书来验证服务器的身份，并为浏览器和服务器之间的通信加密。采用 HTTPS 的服务器必须从证书授权中心（CA，Certificate Authority）申请一个用于证明服务器用途类型的证书。该证书只有用于对应的服务器时，客户端才信任此主机。客户通过信任该证书，从而信任了该主机。

当然，HTTPS 协议的每步应用都伴随着加密解密，对于网络传输而言，效率确实没有直接传输高，过去只在网上银行或者传输用户名密码时才使用 HTTPS 协议。但目前随着 SSL 网关的发展，在硬件层面对 HTTPS 协议进行加速，提高了访问速度，连搜索引擎的搜索都使用了 HTTPS 协议。

而在一些使用场景中，需要将数据整个导出，在第三方系统或者云上进行分析，在该种场景中，会进行数据脱敏的处理，对某些敏感信息通过脱敏规则进行数据的变形，实现敏感隐私数据的可靠保护。在涉及客户安全数据或者一些商业性敏感数据的情况下，在不违反系统规则条件下，对真实数据进行改造并提供测试使用时，如身份证号、手机号、卡号、客户号等个人信息都需要进行数据脱敏。

3．访问安全

如前文技术安全章节中所叙述，应用系统本身要建立健壮的认证和访问控制机制，防范数据的越权访问。但是近些年来，屡次发生的数据泄密问题，如电话号码、住址信息、订单信息，基本都是由内部人员的泄露造成。针对这个问题，可通过建立信息的追溯系统进行解决。一方面，通过审计手段记录员工对数据的详细访问操作；另一方面，可以在数据层面加上水印，这样通过泄露的信息可以很容易追查到是哪个员工进行的操作。

数字水印技术即通过在原始数据中嵌入秘密信息水印（watermark）来证实该数据的所有权。这种被嵌入的水印可以是一段文字、标识、序列号等，而且这种水印通常是不可见或不可擦的，它与原始数据（如图像、音频、视频数据）紧密结合并隐藏其中，并可以经历一些不破坏源数据使用价值或商用价值的操作而能保存下来，其原理如图 5-2 和图 5-3所示。

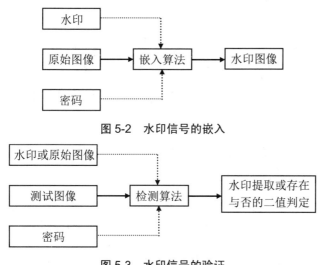

图 5-2　水印信号的嵌入

图 5-3　水印信号的验证

通过水印方法的设置，每个员工访问到的数据界面上都有一层肉眼无法看到的信息，一旦该界面被截图或者以拍摄方式泄露出去，通过还原算法，就可以确定是通过哪个员工的账号泄露的。

5.4　安全威胁

5.4.1　人为失误

人为失误（Human Error）是指在人的实际操作过程中，由于人本身的不稳定性所导致的错误。从人性的角度来说，只要是人的操作，就有可能存在失误。在核能、航空航天、医疗等领域，人为差错的发生会造成严重的后果。同样，在 IT 运维领域，人为差错也可能带来系统停止服务，业务中断等不良影响。

近期比较著名的 IT 运维的人为失误发生在 Gitlab，一个负责代码版本管理的开源网站。2017 年 1 月 31 日运维团队成员在处理问题的过程中，决定删除目录，但是他在错误的机器上执行了删除命令，出问题的机器是 db2.cluster.gitlab.com，而命令实际运行在 db1.cluster.gitlab.com。大约 300GB 的数据被强制删除，只剩下约 4.5GB。该事故造成 Gitlab 丢失了 6 小时的数据库数据（问题、合并请求、用户、评论、片段等），且无法找回。

大事故极少是由一个原因引起的，而是由许多因素像链条一样，把各个环节连接在一起时发生的。"海恩法则"表明在一起重大事故下有 29 起事故征候，而且在其下面还有 300 起事故征候苗头（严重差错）。虽然人为差错主要是由人自身造成，但是论其起因，可以从人、环境、工具、流程 4 个方面进行总结，如表 5-2 所示。

表 5-2　人为失误的原因

分　类	详　细　内　容
人自身原因	（1）厌倦与疏忽 操作人员对工作感到无聊，没有成就感，心理存在抵触情绪；操作人员对工作重要性意识不足。 （2）疲劳或者疾病 操作人员身体处在不良状态，注意力无法正常集中，身体反应较一般情况变慢。 （3）知识或技能缺乏 操作人员不知道，不熟悉，忘记正确的操作方法；按照自己的习惯或者设想的操作方法去操作；无法预见操作后果。 （4）过于自信 操作人员对自己的知识能力过于自信，可能做违反流程的操作，为了快点干完省略了一些必要的步骤，例如驾驶事故高发于有一定驾龄的司机。 （5）心理压力 过度担心后果造成心理压力过大，精神处于亢奋紧张状态
环境原因	（6）非常规事件 突发事件，操作人员未能及时调整状态，精神处于紧张亢奋状态；对突发事件的处理可能违反常规流程，造成操作风险。 （7）外界刺激 来自于环境的刺激较多或者更换了新环境，使操作人员无法集中注意力

续表

分　　类	详　细　内　容
工具原因	（8）人机设计不合理 不方便操作人员使用，难以掌握；工具的一些操作本身容易混淆，无法明显区分。 （9）违反标准，或者无统一标准 例如一般的汽车都是刹车在左，油门在右，如果违反了这个标准，或者这个标准就没有统一，则很有可能形成操作风险。 （10）工具反常 例如工具平时的响应只需要 1s，但是在某些情况下变成了 5s，等待的时间间隔可能打乱了操作人员的节奏感，进而形成操作风险
流程原因	（11）流程烦琐 操作流程步骤繁多，实施时可能产生遗漏或者错误。 （12）存在交叉作业 流程上需要操作人员在不同工具、不同对象间切换操作。由于人思维存在惯性，或因形成的条件反射造成失误

5.4.2　外部攻击

1. 恶意程序

恶意程序是未经授权运行的、怀有恶意目的、具有攻击意图或者实现恶意功能的所有软件的统称，其表现形式有很多：计算机病毒、特洛伊木马程序、蠕虫、僵尸程序、黑客工具、漏洞利用程序、逻辑炸弹、间谍软件等。大多数恶意程序具有一定程度的破坏性、隐蔽性和传播性，难以被用户发现，会造成信息系统运行不畅、用户隐私泄露等后果，严重时甚至导致重大安全事故和巨额财产损失等。2012 年年初，信息安全厂商卡巴斯基公司公开透露，平均每天检测到的感染网银木马的计算机数量为 2000 台，平均每天新添加到卡巴斯基实验室反病毒数据库的针对敏感金融信息的恶意程序特征高达 780 个，占卡巴斯基产品每天检测到的恶意软件总数的 1.1%。

2. 网络入侵

网络入侵是指根据信息系统存在的漏洞和安全缺陷，通过外部对信息系统的硬件、软件及数据进行攻击的行为。网络攻击的技术与方法有多种类型，通常从攻击对象入手，可以分为针对主机、协议、应用和信息等的攻击。2014 年 4 月 7 日，OpenSSL 的 heartbleed 漏洞被公开出来，而当时 Alexa 排名前百万的网站中有 32% 支持 SSL，据研究人员估算，有 9%的网站会受到漏洞影响。

3. 拒绝服务攻击

拒绝服务攻击（DoS）即攻击者想办法让目标机器停止提供服务，是黑客常用的攻击手段之一。常见的类型有造成网络带宽的耗尽，使合法用户无法正常访问服务器资源的攻击。DDoS 攻击手段是在传统的 DoS 攻击基础之上产生的一类攻击方式。单一的 DoS 攻击一般是采用一对一方式的，当被攻击目标 CPU 速度低、内存小或者网络带宽小、各项性能指标不高时，它的效果是明显的。随着计算机与网络技术的发展，计算机的处理能力迅速增长，内存大大增加，同时也出现了千兆级别的网络，这使得 DoS 攻击的困难程度加大。此时，分布式的拒绝服务攻击手段（DDoS）就应运而生，攻击者利用更多的主机来发起进攻，以更大的规模来进攻受害者，使被攻击的主机不能正常工作。

4. 社会工程

为获取讯息，利用社会科学，尤其心理学、语言学、欺诈学将其进行综合，有效地利用人性的弱点，并以最终获得信息为最终目的的学科称为"社会工程学"（Social Engineering）。社会工程学中比较知名的案例是网络钓鱼，通过大量发送声称来自于银行或其他知名机构的欺骗性垃圾邮件，意图引诱收信人给出敏感信息（如用户名、口令、账号 ID、ATMPIN 码或信用卡详细信息）的一种攻击方式。最典型的网络钓鱼攻击是将收信人引诱到一个通过精心设计与目标组织的网站非常相似的钓鱼网站上，诱使并获取收信人在此网站上输入个人敏感信息，通常这个攻击过程不会让受害者警觉。网络钓鱼网站被仿冒的大都是电子商务网站、金融机构网站、第三方在线支付站点、社区交友网站等。

5.4.3 信息泄密

信息泄露是信息安全的重大威胁，国内外都发生过大规模的信息泄露事件。

2015 年 2 月，国内多家酒店的网站出现高危漏洞，房客开房信息大量泄露，一览无余，黑客可轻松获取到千万家的酒店顾客的订单信息，包括顾客姓名、身份证、手机号、房间号、房型、开房时间、退房时间、家庭住址、信用卡后四位、信用卡截止日期、邮件等大量敏感信息。

2016 年 5 月，位于美国纽约的轻博客网站 Tumblr 账户信息泄露，涉及的邮箱账号和密码达 65469298 个。由于一般用户在互联网上习惯使用相同账号和密码，一旦一个网站的账号遭到泄露，其他网站会受到撞库攻击，造成更大规模的信息泄露。

除了外部攻击的泄密外，一些企业的内部员工利用能接触到数据的便利，将数据导出后，非法在黑市上贩卖牟利。这些数据被贩卖后，会被黑客或者其他不法分子利用，借助社会工程学，对受害者进行诈骗。

5.4.4 灾害

灾害发生的概率非常小，但是后果是巨大的，可能会造成整个数据中心停止运行。

（1）洪灾

由于恶劣天气和排水不畅，可能会造成水倒灌进数据中心，造成设备短路等故障。2009 年 9 月 9 日，土耳其伊斯坦布尔遭遇暴雨并引发了洪水。疯狂肆虐的洪水淹没了该市 Ikitelli 区的大部分地段，也淹没了位于该区的 Vodafone 数据中心。

（2）火灾

2008 年 3 月 19 日，美国威斯康辛数据中心被火烧得一塌糊涂。根据事后统计，这次大火已经烧掉了 75 台服务器、路由器和交换机，当地大量的站点都发生了瘫痪。

（3）地震

2011 年 3 月 11 日，日本遭受了 9 级大地震。在此次地震中，日本东京的 IBM 数据中心也受损严重。

（4）人为因素

2015 年 5 月 27 日下午 5 点左右，由于光纤被挖断，造成部分用户无法使用支付宝。随后支付宝工程师紧急将用户请求切换至其他机房，受影响的用户才逐步恢复。

2001 年 9 月 11 日，纽约发生恐怖袭击，随着世贸大厦的倒塌，金融机构聚集的世贸大厦里的大量数据化为乌有。

5.5 安全措施

5.5.1 安全制度规范

政府、企业以及其他组织一般会制定内部的信息安全相关制度，用以约束管理内部的各项工作，保障安全运行，一般包括以下内容。

（1）人员组织

人员组织用以明确各级人员对于信息安全的责任和义务，明确信息安全的领导机构和组织形式。

（2）行为安全

行为安全用以明确每个人在组织内部允许和禁止的行为。

（3）机房安全

机房安全制度明确出入机房、上架设备所必须遵守的流程规范。

（4）网络安全

网络安全制度明确组织内部的网络区域划分，以及不同网络的功能和隔离措施。

（5）开发过程安全

开发过程安全制度明确软件的开发设计和测试遵守相关规范，开发和运维分离，源代码和文档应落地保存。

（6）终端安全

终端安全制度明确终端设备的使用范围，禁止私自修改终端设备，应设置终端口令，及时锁屏，及时更新操作系统补丁等。

（7）数据安全

数据安全制度不对外传播敏感数据，生产数据的使用需要在监督和授权下执行。

（8）口令安全

明确口令的复杂程度、定期修改的时间等。

（9）临时人员的管理

明确非内部员工的行为列表、外包人员的行为规范，防范非法入侵。

5.5.2　安全防范措施

在各个层次都有成熟的安全产品，可以供选择来构建组织内部的防御体系，如表 5-3 所示。

表 5-3　安全产品层次

分　类	安 全 产 品
机房	门禁系统，消防系统，摄像系统
服务器	防病毒软件，漏洞扫描工具，配置核查系统
网络	防火墙，入侵监测系统，入侵防御系统
终端	防病毒软件，行为控制和审计软件，堡垒机

续表

分　类	安 全 产 品
应用程序	漏洞扫描工具，源代码扫描软件，证书管理系统，统一认证系统，身份管理系统
数据备份	数据备份软件
流程管理	运维管理平台，安全管理平台，审计平台

可以组织内外部资源，定期对系统进行扫描或者进行渗透性测试，发现并且消除系统中的安全风险点。

在组织团队时和新员工入职时，就对所有的开发人员进行针对性的安全培训，强化安全编码和信息安全的意识。有不少人认为信息安全主要是产品角度考虑的事情，只要使用了安全的技术，例如 HTTPS，就可以避免一切安全问题的发生。但其实不然，例如图 5-4 就展示了一种针对 SSL 的中间人攻击，利用该攻击模式，可以破解或者修改传输内容，也可以让客户端做的输入过滤失效。

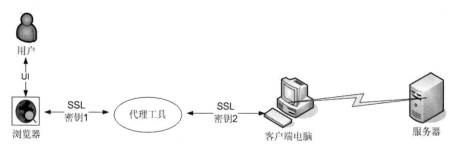

图 5-4　SSL 中间人攻击

制定的安全制度规范需要严格执行，在制度中禁止的行为绝对不能因为技术因素或者时间因素忽略了执行，从而产生严重的后果。

◭5.6　作业与练习

一、问答题

1．简述 SQL 注入的基本原理，如何避免 SQL 注入？

2．门禁系统分为哪几种认证方式？

3．安全开发包含哪几项主要措施？

二、判断题

1．安全中的完整性指的是计算机服务时间内，确保服务的可用。

2．视频监控重点是实时监控，一般不需要存档。

3．跨站脚本（XSS）漏洞的原因是因为缺少强壮的认证措施。

4．健壮的输入和输出过滤可以大大降低 Web 应用受攻击的风险。

5．开发过程中的漏洞只能通过修改代码规避，其他方式都不可行。

参考文献

[1] Mark Stamp．信息安全原理与实践[M]．2 版．北京：清华大学出版社，2013．

[2] Mark Rhodes-Ousley．信息安全完全参考手册[M]．2 版．北京：清华大学出版社，2014．

[3] OWASP 开源项目．OWASP TOP 10 Project[EB/OL]．2007．https://www.owasp.org/index.php/Category:OWASP_Top_Ten_Project．

第 6 章

高可用性管理

如果一个系统经常出现故障，无法连续对外提供服务，会大大影响实际使用效果。保持服务的稳定性是系统运维中的重要工作，大数据系统也不例外。在系统设计、具体实施以及后期维护中，都需要考虑到高可用性（High Availability）相关的管理工作。

本章通过对系统高可用技术进行介绍，并结合大数据系统的特点，从系统架构、容灾、监控和故障转移角度进行具体的分析和阐述，最后从业务连续性管理入手，对灾备系统建设、应急预案和日常演练进行归纳和经验分享。

6.1 高可用性概述

衡量系统运行稳定性的关键指标是系统的可用性，可用性（availability）指的是系统的无故障运行时间的百分比，计算公式为：无故障运行时间/计划对外服务时间×100%。

例如一个系统计划是 24 小时每天不间断提供服务，一年的计划对外服务时间是 24×365=8760 小时，结果在一年的运行时间中，因为故障或者变更中断了 10 小时，则系统可用性就是(8760-10)/8760×100%=99.89%。业界通俗的叫法用 N 个 9 来量化可用性，例如，可用性达到了 3 个 9，则指的是可用性大于 99.9%，小于 99.99%。

为了保证系统有较高的可用性，需要采取一些高可用（HA，High Availability）技术来减少故障中断时间。高可用技术的核心思想是冗余，即关键部件要不止一个，在原部件故障或者维修时，备用的零部件要能顶替原有部件的作用。在机房环境、网络、主机、存储、数据库、应用程序层面，都有这类思想的设计。而与此对应的，单点故障是影响可用性的关键风险点，在设计和实施过程中，要不断识别系统中存在的单点故障，予以消除，增加系统的整体可用性。除了部件冗余之外，及时对故障进行监控识别，通过自动化或者人工方式解决故障，缩短故障时间，也是增加可用性的有效途径。

当发生大规模故障时，如机房整体电力故障，对外网络被物理切断，在一定区域内的部件冗余也失效，此时就需要考虑容灾相关的方案。通过在其他物理区域的数据中心建立备份系统，例如同城备份或者异地备份，可以避免此类灾难对可用性的影响。

6.2　高可用性技术

6.2.1　系统架构

1．机房环境

机房环境的高可用主要考虑的是电力和机柜分配两方面。

（1）电力

规格较高的机房，会考虑从两路变电站取得电力，不会受区域电力停止造成断电的风险，同时配备柴油发电机和 UPS，当两路电都出现故障时，先通过 UPS 进行供电，然后柴油发电机启动，为 UPS 提供持续电力，确保电力不会出现中断。

（2）机柜

如果在主机层面安排了主备机，那么主备机在具体放置时，最好分开不同的机柜安装，避免单一机柜故障对主机的影响。

2．网络、主机、存储

网络是数据中心的核心，在现代 IT 系统中，没有了网络，计算能力就没有了用武之地。在数据中心的内部网络，交换机/路由器/防火墙都采用双机模式，一台故障，另外一台能够迅速接替，提供网络服务；在数据中心外部的出口网络，一般都会考虑采用两家不同的网络运营商提供服务，在具体物理线路的铺设上，尽量从不同的管道中走线，避免单一线路或者单一运营商的故障。

主机是高可用方案中的主要部分，按照工作模式，主机层面的高可用技术可分为以下几种。

（1）主从模式

主机工作，备机处于监控准备状况；当主机宕机时，备机接管主机的一切工作，待主机恢复正常后，按使用者的设定以自动或手动方式将服务切换到主机上运行，数据的一致性通过共享存储系统解决。主从服务器有各自的 IP 地址，通过 HA 集群软件控制，主从服务器有一个共同的虚拟 IP 地址，客户端仅需使用这个虚拟 IP，而不需要分别使用主从 IP 地址。这种措施是 HA 集群的首要技术保证，该技术确保集群服务的切换不会影响客户 IP 层的访问。公网（Public Network）是应用系统实际提供服务的网络，私网（Private Network）是集群系统内部通过心跳线连接成的网络。心跳线是 HA 集群系统中主从节点通信的物理通道，通过 HA 集群软件控制确保服务数据和状态同步。不同 HA 集群软件对于心跳线的处理有各自的技巧，有的采用专用板卡和专用的连接线，有的采用串并口或 USB 口处理，有的采用 TCP/IP 网络处理，其可靠性和成本都有所不同。

（2）双机模式

两台主机同时运行各自的服务工作且相互监测情况，当任一台主机宕机时，另一台主机立即接管它的一切工作，保证工作实时以及应用服务系统的关键数据存放在共享存储系统中。

（3）集群模式

多台主机一起工作，各自运行一个或几个服务，各为服务定义一个或多个备用主机，当某个主机故障时，运行在其上的服务就可以被其他主机接管。

在现阶段，存储是比较昂贵的设备，其本身部件就有冗余，如控制器、电源模块等，本身的可用性较 PC 服务器要高，在一般的方案中，可以接受单存储的方案。如果对可用性要求更高，且不把成本作为重要考虑因素，可以考虑使用双存储方案，数据在写入时，通过操作系统或者存储提供的技术同时写入两份存储设备。

3. 数据库

在数据库领域，有一些经典的高可用技术，不同产品在原理和实现上都略有区别，如表 6-1 所示。

表 6-1　常见的数据库高可用技术

技　　　术	概　　　述
MySQL Replication	通过异步复制多个数据文件以达到提高可用性的目的
MySQL Cluster	分别在 SQL 处理和存储两个层次上做高可用的复制策略。在 SQL 处理层次上，比较容易做集群，因为这些 SQL 处理是无状态性的，完全可以通过增加机器的方式增强可用性。在存储层次上，通过对每个节点进行备份的形式增加存储的可用性，这类似于 MySQL Replication

技　　术	概　　述
Oracle RAC	要集中在 SQL 处理层的高可用性，而在存储上体现不多，优点就是对应用透明，并且通过 Heartbeat 检测可用性非常高，主要缺点就是存储是共享的，存储上可扩展能力不足
Oracle ASM	主要提供存储的可扩展性，通过自动化的存储管理加上后端可扩展性的存储阵列达到高可用性

4. 应用

在实现某个特定功能点时，应用程序可以通过多个实例完成该功能的服务，例如一个处理用户登录的模块，可以通过部署运行多个功能相同的进程，不同的用户登录时通过负载均衡设备，发送给不同的进程进行处理，当一个进程实例发生故障时，其他进程仍可以继续服务。

通过持久化队列的技术，将应用之间的交互的数据保存在队列中，即使进程故障，数据也不会丢失，在启动之后可以立即恢复。

在应用程序去访问外部的各种资源时，如数据库、文件系统、其他应用程序，需要注意的是在配置时需要配置外部资源的服务地址，如应用程序访问数据库，必须要配置数据库的 RAC 服务地址，这样在数据库出现问题时，服务器地址会自动切换到正常设备上运行，保证应用程序还能够访问到数据库资源。如果配置了真实地址，当该地址指向的资源发生故障时，服务就会出现异常，无法自动恢复。

6.2.2　容灾

一般情况下，谈到高可用技术时，讨论的范围都是在数据中心内部的各种保障技术，但当数据中心整体发生故障，或者称之为灾难时，就需要依靠容灾技术，在 6.3 节的业务连续性管理中会详细阐述该内容。

6.2.3　监控

在应用了高可用技术，建设了各个层次的冗余模块之后，还有一个重要的步骤就是，探测哪些模块出现了故障，然后对故障进行人工处理或者自动处理，这个过程必须要依靠监控机制。监控的 3 块主要内容就是：收集信息，根据信息判断是否是问题，产生告警或者自动处置。

在实际的生产运维中，像人的体检一样，需要大量的监控项来对系统运行情况做出综合判断，对故障发生点进行精确定位。表 6-2 列举了一些常见的监控指标项和告警策略。

表 6-2　监控指标项

监 控 类 别	监 控 指 标	监 控 内 容
应用自身状态	服务进程状况	① 对应用系统启动后进程进行监控，主要包括进程正常情况，进程名称、数量情况，僵死进程情况； ② 不同服务器、不同用户的进程在设定时间范围内是否启动，如 07:00—19:00，有一个进程缺失； ③ 是否在错误的时间启动。如批处理结束后，进程应该停止，但仍在启动状态； ④ 是否在错误的位置启动。如正常没有发生切换时，进程都在主服务器上启动，但是监控发现进程在备机也启动了；或者发现进程是在 root 用户下启动的； ⑤ 进程启动耗时监控。进程如果启动较慢，说明数据或者环境出现问题，需要监控； ⑥ 应用系统整体启动停止时间监控
	服务状态	监控应用进程所实现的某项服务是否处在健康状态。可通过调用应用服务接口判断应用服务是否正常，要求访问接口不会污染数据，不会影响应用业务。系统能处理登录、写入、查询、访问网页等来检查应用系统是否可用。具体监控内容如下： ① 应用系统可以登录； ② Web 页面能正常访问； ③ 系统能处理事务； ④ 系统查询功能有效； ⑤ Web Service 能正常调用； ⑥ 消息、数据和文件正常传输或同步，涉及上下游系统、与第三方机构接口、主备服务器间等； ⑦ 应用数据库可读可写； ⑧ 应用之间心跳机制正常； ⑨ 能够记录应用系统开启、失败时间； ⑩ 上下游系统之间可访问（数据库方式、消息通道、FTP 通道等）
	业务开关或可使用标志状态	在应用服务时期内，监控应用系统业务开关或可使用标志状态，确定应用系统是否可以提供服务

续表

监 控 类 别	监 控 指 标	监 控 内 容
数据服务	数据及时性	凡是涉及数据加载和批量处理的应用系统,尤其是报表统计分析类系统,对数据加载和下发的及时性、批量完成的时间点都会有一定的要求。 应根据预先设定的阈值对数据加载和批量完成及时性进行监控和报警,以便生产管理和维护单位提前通知业务部门,并且采取应急措施降低业务影响
	数据关键路径	由于应用系统耦合度较高,上下游应用系统及前后项批量形成了一个前后依赖甚至相互依赖的关系,处于关键路径的数据生成或处理步骤如果延迟,将对后续批量、下游应用系统产生重大影响,因此,有必要对关键路径上数据生成(批量)时间进行监控,以便及时采取措施减少可能的业务影响。 具体包括:关键(批量)数据的开始时间、完成时间及处理时间、关键数据的下发和到达时间
	数据完整性、正确性	批量数据是否完整、正确直接关系到对客户服务质量甚至应用系统能否提供服务。 ① 批量处理前、后(下发)数据种类是否齐全、数据文件大小是否在正常范围; ② 数据正确性监控是对重要的关键数据的值是否在正常范围内进行监控,一旦发生数据突变及时报警
	关键表记录变化情况	关键表作为应用系统的重要属性之一,关键表中记录数的变化应作为应用系统业务发展和应用系统运行的重要评价指标之一,通过关键表记录量变化情况分析,能及时了解业务服务状况、业务变化情况以及应用系统运行情况。 ① 日常情况下需要每日对应用系统关键表记录变化量进行统计; ② 对关键表记录量监控时,要求在关键表记录量突然发生较大变化时报警
	关键业务数据获取、生成和发布	关键业务数据是否按预期生成和发布,监控方式包括: ① 数据库中有预期数据产生。 ② Web 页面有符合预期的数据显示。 ③ 接收到预期消息。 ④ 接收到预期文件

续表

监 控 类 别	监 控 指 标	监 控 内 容
数据服务	关键数据按预期清空	监控数据按预期被清空，监控内容包括： ① 数据库中有符合预期的数据清空。 ② Web 页面有符合预期的数据清空。 ③ 消息队列文件清除，如 IMIX 清除消息队列文件
性能容量	用户数量（终端/API）	在线用户数量指应用系统当前使用该应用的用户总量。一方面在线用户量突然变大，可能造成系统性能问题；另一方面在线用户量突然变大也可能是由于应用系统异常造成。因此，要对在线用户数量及时监控报警，及时提醒相关维护人员进行处理分析。 ① 在线用户数（某段时间内访问系统的用户数，这些用户并不一定同时向系统提交请求）； ② 并发用户数（某一物理时刻同时向系统提交请求的用户数）； ③ 单位时间内用户登录次数； ④ 平均/峰值用户数； ⑤ 日常情况下需每日对应用系统登录用户数进行统计，以计算用户活跃程度
	内存加载量	使用共享内存机制的应用系统需要监控内存数据加载量，如加载量突然变大，可能造成系统出现风险。如本币交易系统共享内存中加载了大量的本币基础数据（债券、机构、权限等）
	消息并发量	消息并发量指应用系统某个（类）事务在一定时间段内并发处理量。事务并发量骤然变大可能造成此类事务处理缓慢甚至造成整个应用系统性能问题；事务并发量突然变大或者突然变小也可能是由于应用系统异常造成。通过对事务并发量监控报警，及时让维护人员进行处理分析。 ① 单位时间接收到的事务请求数，超过阈值报警； ② 单位时间段内每个会话接收和发送的消息数量
	事务响应时间	事务响应时间作为应用系统提供服务效率的重要衡量指标之一，事务响应缓慢意味着提供业务服务效率存在问题，应用系统可能存在隐含、潜在运行风险。应当设定事务响应时间阈值，处理缓慢的事务需要及时报警。 ① 关键事务处理时间，设定阈值，如查询处理时间超过则报警； ② 每个会话接收和发送方向的消息延迟

续表

监 控 类 别	监 控 指 标	监 控 内 容
批量作业	批量处理情况	监控批量处理情况。 ① 批量中断情况； ② 批量错误信息监控
	批量开始时间	批量处理开始时间，超过预定时间报警
	批量结束时间	批量处理结束时间，超过预定时间报警
	批量加载时间	数据加载时间，超过预定时间报警
	批处理状态	对批处理状态进行监控
应用占用系统资源	文件句柄数	进程加载或访问的文件数，超过阈值报警
	应用分区空间	空闲率超阈值、增长率超阈值报警
	应用文件增长情况	① 监控（单个）日志文件量增长（绝对值、文件增长量）情况； ② 监控（单个）应用队列文件增长情况； ③ 监控（单个）业务文件增长情况
	网络连接	① 与其他提供服务的应用系统网络连接状态、通信链接数。 ② 半关闭网络状态连接。 ③ 客户端发起的通信链接，在线/并发/峰值通信链接数、网络连接状态进行监控。 ④ 服务端口。服务端口监听（Listen）
	单个用户或请求进程占用的系统资源	并发会话数、文件句柄、网络连接、数据库连接数、CPU、内存、磁盘等
应用中间件（WebLogic、Tomcat）	WebLogic Server	① 运行状态。如果不是 RUNNING 状态，则报警，并将实际运行状态在报警内容中体现； ② 健康状态。如果不是 HEALTH_OK 状态，则报警，并将服务器健康状态在报警内容中体现； ③ 进程假死。如发现则报警
	线程池	① 健康状态（Health State）。如果不是 HEALTH_OK 状态，则报警，并将线程池健康状态在报警内容中体现； ② 占挂用户请求数（Pending User Request Count）。如果大于指定值，则报警，并且将占挂用户请求数在报警内容中体现； ③ 活动执行线程数/允许创建的最大线程数比例，大于阈值则报警； ④ 短时间内 WebLogic 执行线程数突然增加很多数量，报警； ⑤ WebLogic 总空闲线程数/最大线程数比例持续较低，报警；

续表

监 控 类 别	监 控 指 标	监 控 内 容
应用中间件 （WebLogic、 Tomcat）	线程池	⑥ 下述参数每次采样应记录：活动执行线程数（Execute Thread Total Count-Execute ThreadIdle Count-Standby Thread Count），空闲线程数（Execute ThreadIdle Count），备用线程数（Standby Thread Count），已创建的总线程数（Execute Thread Total Count），允许创建的最大线程数（Dweblogic.threadpool.MaxPoolSize）
	JVM	① 堆内存空闲空间（Heap Free Percent）比例。如果空闲率低于指定值，则报警，并且报警内容中体现内存使用情况； ② GC 使用情况监控，记录 GC 时间耗时，耗时过久报警； ③ JVM 对 CPU 使用率突然增大，报警； ④ JVM 中有死锁，报警； ⑤ JVM 的下述参数每次采样记录在系统里：JVM 当前堆大小（Heap Size Current）、当前空闲堆大小（Heap Free Current）、当前已使用堆大小（Heap Size Current – Heap Free Current）、允许创建最大堆大小（Heap Size Max）、空闲堆和最大堆比值（Heap Free Percent）
	数据源	① 数据源运行状态。如果不是 RUNNING 状态，则报警，并且将数据源的运行状态在报警内容中体现； ② 数据源部署状态。如果不是 ACTIVATED 状态，则报警，并且将数据源部署状态在报警内容中体现； ③ 数据源创建监控，没有建立成功，则报警
	连接池	① 连接池健康状态。如果不是 OK 状态，则报警，并且将数据源连接状态在报警内容中体现； ② 数据源连接池若有等待连接的请求（Waiting For Connection Current Count），等待请求数超过指定值则报警，并且将等待请求数在报警内容中体现； ③ 数据源连接池若有连接泄漏（Leaked Connection Count），连接泄漏数超过指定值，则报警，并且将连接泄露数在报警内容中体现； ④ "高阶"指定时间内，记录数据源连接处理请求最耗时的查询；

续表

监 控 类 别	监 控 指 标	监 控 内 容
应用中间件 （WebLogic、 Tomcat）	连接池	⑤ 数据源连接池的下述参数记录在系统里：当前正在被线程使用连接数（Active Connections Current Count），当前空闲连接数（Num Available），当前容量（Active Connections Current Count+Num Available），最大可建连接数（Max Capacity），Active Connections Current Count/Max Capacity百分比，并且大于指定值则报警
	APP 状态	① 运行状态。如果不是 STATE_ACTIVE 则报警，报警内容需包含应用程序运行状态，并且指明是在哪个 WebLogic Server 上异常； ② 健康状态。如果不是 health_ok 则报警，报警内容需包含应用程序健康状态，并指明是在哪个 WebLogic Server 上异常
MQ	队列管理器	① 队列管理器状态（QMgr Status）。Running、Ended unexpectedly、Ended normally 等，一般正常状态需为 Running； ② 命令服务器状态（Command Server Status）； ③ 监控队列管理器中最大激活通道数的百分比（% Max Active Channels）； ④ 当前已连接的激活通道数量（Active Channel Connections）； ⑤ 当前队列管理器死信队列深度（DLQ Depth）； ⑥ 当前队列管理器中通道连接的健康状况，主要根据通道状态判断（Channel Health）； ⑦ 当前队列管理器中队列的健康状况，主要根据队列深度判断（Queue Health）； ⑧ 当前队列管理器队列中的所有消息数量（Total Messages）； ⑨ 当前队列管理器传输队列中的所有消息数量（Total Messages on XMIT Queues）； ⑩ 日志监控。每个队列管理器都有自己的错误日志，一般位置在 "/var/mqm/qmgrs/队列管理器名/errors" 目录
	通道	① 通道状态。 通道收到字节数（Bytes Received）； 通道发送字节数（Bytes Sent）； "基本" 通道状态（Channel Status）； 当前队列消息序号（CurMsg SeqNo）；

续表

监 控 类 别	监 控 指 标	监 控 内 容
MQ	通道	消息批次号（CurBatch LUW ID）； 通道最近一次处理消息的时间（Last Message Date & Time）； 通道消息传输速度（Transmit KB/Sec）。 ② 通道统计。 通道进入短重试状态后的重试次数（Short Retries）； 通道进入长重试状态后的重试次数（Long Retries）； 满足设定的通道类型和状态的所有通道的发送或接收字节数（Total Bytes Sent/Received）； 满足设定的通道类型和状态的所有通道的当前批量消息数量（Total CurBatch Messages）； 通道最大传输速度（MAX Transmit KB/Sec）。 ③ 通道总体情况。 通道实例占用达到最大实例占用数某一百分比值（%MAX Instances）； 多实例并发通道的平均接收/发送字节数（Average Bytes Received/Sent）； 多实例并发通道的平均消息接收数量（Average Message Count）
	队列	① 队列深度达到设定%（%Full）； ② 最新入队/出队时间（Last Put/Read）； ③ 设定间隔时间内入队/出队的消息数量（Msgs Put/Read）； ④ 每秒入队/出队的消息数量（Msgs Put/Read per Sec）； ⑤ 访问该队列的所有应用数量（Total Opens）； ⑥ "基本"当前队列深度（Current Depth）； ⑦ 当前入队/出队打开线程数（Input/Output Opens）； ⑧ 队列中最老消息已保留的时间（Oldest Msg Age）
	事件（Event）	WebSphere MQ 对某些异常情况做了事先的定义，称为事件（Event）。一旦这种系统对于异常情况的定义条件满足了，也就是事件发生了。WebSphere MQ 会在事件发生时自动产生一条对应的事件消息 Event Message，放入相应的系统事件队列中。因此也可以通过实时监控这些事件队列来实现对系统的监控。

续表

监 控 类 别	监 控 指 标	监 控 内 容
MQ	事件（Event）	① 队列管理器事件。即队列管理器的权限（Authority）事件、禁止（Inhibit）事件、本地（Local）事件、远程（Remote）事件、启停（Start & Stop）事件； ② 通道事件。即通道及通道实例启停、通道接收消息转换出错、通道 SSL 出错； ③ 性能事件。即队列深度 HI/LOW 事件、队列服务间隔事件
Web 服务器（例如 Apache）	Apache 吞吐率	Apache 每秒处理的请求数
	Apache 并发连接数	Apache 当前同时处理的请求数，详细统计信息包括读取请求、持久连接、发送响应内容、关闭连接、等待连接
	httpd 进程数	Apache 启动的时候，默认就启动几个进程，如果连接数多了，它就会生出更多的进程来处理请求
	httpd 线程数目	有多种连接状态，如 LISTEN、ESTABLISHED、TIME_WAIT 等，可以加入状态关键字进一步过滤
	提供网站服务的字节数	提供网站服务的字节数
	处理连接的耗时时间	处理连接的耗时时间

Zabbix 是目前应用较广的开源解决方案，支持以上大部分的监控指标的探测和监控策略的配置。

6.2.4 故障转移

主机/存储/网络/数据库一般都是以心跳包机制来进行健康状态的监控。由管理模块向各个模块之间按照一定时间间隔发送心跳包，或者两个模块之间互相发送心跳包，如果超过设定时间周期，某个模块没有响应，则判断该模块出现故障，备份模块接管该模块的服务，这个过程被称为故障转移（Failover）。

在主备机的高可用系统中，在特殊情况下会发生脑裂（split-brain）的故障。发生这种故障的原因是心跳线或者网络出现问题，造成主备机互相探测不到对方的心跳，都以为对方发生了故障，于是便主动获取存储或者服务 IP 等资源，双方都启动服务，造成服务异常。

为了解决脑裂问题，一般会在主备机之外，引入一个第三方模块，作为仲裁者，由它来判断到底是谁应该接管资源，对外提供服务。

▲ 6.3　业务连续性管理

6.3.1　灾备系统

1. 概念和等级

由于人为或自然的原因，造成信息系统严重故障或瘫痪，使信息系统支持的业务功能停顿或服务水平不可接受、达到特定时间的突发性事件被称为灾难事件，如网络中断、机房电力中断、地震、洪水等严重故障。

为了将信息系统从灾难造成的故障或瘫痪状态恢复到可正常运行状态，并将其支持的功能从灾难造成的不正常状态恢复到可接受状态，而设计的活动和流程被称为灾难恢复过程。灾备系统就是为了灾难恢复建设的备份系统。灾备系统通常都建设在主数据中心一定距离以外的同城数据中心或者异地数据中心。

衡量灾备系统的指标主要有恢复时间目标 RTO（Recovery Time Objective）和恢复点目标 RPO（Recovery Point Objective）。RTO 指的是灾难发生后，信息系统或业务功能从停顿到必须恢复的时间要求。而 RPO 指的是灾难发生后，系统和数据必须恢复到的时间点要求。例如灾难发生后，灾备系统花费了 1 小时将服务全部恢复，数据丢失了 15 分钟，则 RTO 是 1 小时，RPO 是 15 分钟。

根据国标《信息系统灾难恢复规范》（GB/T 20988—2007），灾难恢复能力等级分为 6 个级别，如表 6-3 所示。

表 6-3　灾难恢复能力的 6 个级别

级　　别	主　要　要　求
第一级	每周一次的数据备份，场外存放备份介质
第二级	每周一次的数据备份，有备用的基础设施场地
第三级	每天一次的数据备份，利用通信网络将关键数据定时批量传送至备用场地
第四级	每天一次的数据备份，利用通信网络将关键数据定时批量传送至备用场地，配备灾难恢复所需的全部数据处理设备，并处于就绪状态或运行状态
第五级	采用远程数据复制技术，并利用通信网络将关键数据实时复制到备用场地，配备灾难恢复所需的全部数据处理设备，并处于就绪状态或运行状态
第六级	远程实时备份，实现数据零丢失，具备远程集群系统的实时监控和自动切换能力

其中第六级的详细要求如表 6-4 所示。

表 6-4　灾难恢复能力第六级的详细要求

要　　素	要　　求
数据备份系统	① 完全数据备份至少每天一次； ② 备份介质场外存放； ③ 远程实时备份，实现数据零丢失
备用数据处理系统	① 备用数据处理系统具备与生产数据处理系统一致的处理能力并完全兼容； ② 应用软件是"集群的"，可实时无缝切换； ③ 具备远程集群系统的实时监控和自动切换能力
备用网络系统	① 配备与主系统相同等级的通信线路和网络设备； ② 备用网络处于运行状态； ③ 最终用户可通过网络同时接入主、备中心
备用基础设施	① 有符合介质存放条件的场地； ② 有符合备用数据处理系统和备用网络设备运行要求的场地； ③ 有满足关键业务功能恢复运作要求的场地； ④ 以上场地应保持 7×24 小时运作
专业技术支持能力	在灾难备份中心 7×24 小时有专职的： ① 计算机机房管理人员； ② 专职数据备份技术支持人员； ③ 专职硬件、网络技术支持人员； ④ 专职操作系统、数据库和应用软件技术支持人员
运行维护管理能力	① 有介质存取、验证和转储管理制度； ② 按介质特性对备份数据进行定期的有效性验证； ③ 有备用计算机机房运行管理制度； ④ 有硬件和网络运行管理制度； ⑤ 有实时数据备份系统运行管理制度； ⑥ 有操作系统、数据库和应用软件运行管理制度
灾难恢复预案	有相应的经过完整测试和演练的灾难恢复预案

灾备恢复等级越高，业务中断和数据丢失的时间越少，所要求的技术水平越高，但是建设和维护成本就相应地成倍增长。确定合适的灾难恢复等级，需要从实际业务需求出发，主要考虑因素是系统服务中断的影响程度，如果短时间的中断将对国家、外部机构和社会产生重大影响或者对将严重影响单位关键业务功能并造成重大经济损失的系统，需要考虑建设第五等级或者第六等级的灾备系统；如果短时间中断造成的损失并不大，且用户可以容忍，则建设等级可以酌情递减。

建设和维护灾备系统，需要重点考虑的有数据复制、切换技术以及应用交互。

2．数据复制

从复制过程上来区分，数据复制分为同步和异步两种方式。同步数据复制，指通过将本地生产数据以完全同步的方式复制到异地，每一本地 I/O 交易均需等待远程复制的完成方予以释放。异步数据复制则是指将本地生产数据以后台同步的方式复制到异地，每一本地 I/O 交易均正常释放，无须等待远程复制的完成。由于同步复制的等待过程，会造成本地系统 I/O 时间长，且同步复制受制于网络时延，一般备份系统距离生产系统的网络线路不能超过 40km，目前主要应用在数据中心内部局域网的备份，对于灾备系统的建设而言，基本采用异步复制。

而从复制技术上区分，主要分为基于数据库的复制、基于应用的数据复制、基于存储的数据复制。

（1）基于数据库的复制

基于数据库的数据复制，将源数据库中的数据库通过逻辑的方式在异地建立一个同样的数据库，并且实时更新，当主数据库发生灾难时可及时接管业务系统，达到容灾的目的。采用数据库层面的数据复制技术进行灾备建设具有投资少、无须增加额外硬件设备、可完全支持异构环境的复制等优点。但是，该技术对数据库的版本和操作系统平台有较高的依赖程度。目前比较流行的技术是 Oracle 公司的 Goldengate 和 Dataguard，对于存储在数据库中的结构化而言，是比较好的选择。

（2）基于应用的复制

应用层面的数据复制通过应用程序与主备中心的数据库进行同步或异步的写操作，以保证主备中心数据一致性，灾备中心可以和生产中心同时正常运行，既能容灾，还可实现部分功能分担，该技术的实现方式复杂，与应用软件业务逻辑直接关联，实现和维护有一定难度。如开源软件 rsync 可以实现文件级别的同步，HBase 的 Replication 机制能够对数据文件进行多节点复制。

（3）基于存储的数据复制

存储复制技术是基于存储磁盘阵列之间的直接镜像，通过存储系统内建的固件（Firmware）或操作系统，利用 IP 网络或光纤通道等传输界面连结，将数据以同步或异步的方式复制到灾备中心。当然，一般情况下必须在同等存储品牌并且同等型号的存储系统控制器之间才能实现。在基于存储阵列的复制中，复制软件运行在一个或多个存储控制器上，非常适合拥有大量服务器的环境，原因如下：独立于操作系统；能够支持 Windows 和基于 UNIX 的操作系统以及大型机（高端阵列）；许可费一般基于存储容量而不是连接的服务器数量；不需要连接服务器上的任何管理工作。由于复制工作被交给存储控制器来完成，在异步传输本地缓存较大时可以很好地避免服务器的性能开销过大的问题，从而使基于存储阵列的复制非常适合关键任务和高端交易应用。这也是目前应用最广泛的容灾复制技术之一。

大数据系统的一个特点是数据增量很大，无论采用哪种复制方法，都要对网络带宽有合理的估算，例如日新增数据为 500GB，则每秒需要新增数据 5.7MB，网络带宽需满足该种数据同步需求。如果数据量实在太大，则可以考虑错峰传输备份数据，避免主数据中心和备份数据中心间的网络拥堵，但是这会造成 RPO 时间变长。

3. 灾备切换

灾备切换是一系列操作的组合，不是单一的技术动作，服务的启动顺序也有严格的要求。例如，数据库必须先启动，之后才能启动应用程序；应用服务器接管完成，才能进行网络的切换。如果应用程序先于数据库启动，会出现报错。最好通过操作手册和切换脚本对切换的步骤进行固化，并安排一定频率的灾备演练。

（1）网络切换

网络切换主要分为 IP 地址切换、DNS 切换、负载均衡切换。

❑ IP 地址切换：生产中心和灾备中心主备应用服务器的 IP 地址空间相同，客户端通过唯一的 IP 地址访问应用服务器。在正常情况下，只有生产中心应用服务器的 IP 地址处于可用状态，灾备中心的备用服务器 IP 地址处于禁用状态。一旦发生灾难，管理员手工或通过脚本将灾备中心服务器的 IP 地址设置为可用，实现网络访问路径切换。

❑ 基于 DNS 服务器的切换：在这种方式下，所有应用需要根据域名来访问，而不是直接根据主机的 IP 地址来访问，从而通过修改域名和 IP 地址的对应关系实现对外服务的切换。

❑ 基于负载均衡设备的切换：负载均衡设备能够针对各种应用服务状态进行探测，收集相应信息作为选择服务器或链路的依据，包括 ICMP、TCP、HTTP、FTP、DNS 等。通过对应用协议的深度识别，能够自动对不同业务在主生产中心和灾备中心之间进行切换。

（2）应用切换

根据应用平时的启动状态，应用的备份方式主要有 4 种，如表 6-5

所示。

表 6-5 应用的备份方式

备 份 方 式	灾备系统的应用启动状态
冷备	应用和系统软件都处在停止状态
温备	应用处在停止状态，数据库等系统软件处在启动状态
热备	应用处在启动状态，但不对外服务
双活	应用处在启动状态，同时对外服务

冷备和温备的应用在灾备切换时，需要启动应用程序；热备的应用在切换时需要更改应用状态；双活的应用在切换时只需要通过网络流量切换，把访问流量引导到灾备系统，RTO 最短。

（3）应用交互

具体的切换场景，可以分为数据中心整体切换和部分切换，如果要做到部分切换，那么需要考虑应用交互机制，划分合适的切换区域。

如图 6-1 所示，在主中心，系统 A 和系统 B 都需要和系统 C 产生数据交互。当系统 A 区域发生严重故障，例如硬件层面损坏，本地无法恢复，需要考虑进行灾备切换时，而系统 B 和系统 C 仍然工作正常，那么最佳方案是需要将系统 B 和系统 C 保持现状，只切换系统 A。此时需要注意，系统 A 和系统 C 之间的应用交互方式需要支持跨数据中心的网络时延，通常都在 1ms 以上，否则无法切换。另外，在系统 A 切换到备份数据中心运行时，需要对 A 相关联的系统都要进行网络访问地址切换。

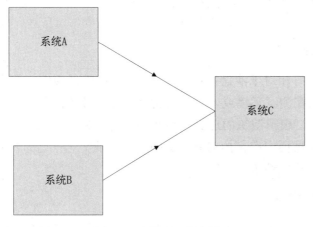

图 6-1 应用交互示意图

6.3.2 应急预案

需要对系统可能出现的故障做出预案，以便发生故障时能够快速处理以恢复服务。应急预案中需要明确适用的故障场景，启动预案的触发条件，相关人员的职责，以及应急的操作步骤。其中，应急的操作步骤包括可能的技术操作步骤如重启进程，业务操作步骤如发出通知。

以一个交通信息管理的大数据系统为例，应急预案可能包括以下方面。

- ❑ 针对系统整体故障，切换到灾备系统的应急预案。
- ❑ 针对系统某些模块故障，如个别服务器、网络等，需要在本地进行服务器切换的应急预案。
- ❑ 处置接口数据传输的应急预案，如当正常的数据采集渠道出现问题，如何把数据传输、导入到处理系统中。
- ❑ 处置特定业务场景，如登录、搜索功能的应急预案。
- ❑ 处置已知缺陷或者历史上发生过的问题的应急预案。

风险点可能很多，同样需要从业务需求和系统架构的实际情况出发，制定包含合适场景的预案，并且要对预案进行更新、测试和演练，保证预案的有效性和可操作性。

6.3.3 日常演练

需要定期对灾备切换等应急预案组织演练，主要有沙盘推演、模拟演练和真实切换。

1．沙盘推演

沙盘推演指的是不做任何技术或者业务操作，仅仅是把应急预案推演一遍。通过推演，召集预案相关人员熟悉预案，思考预案中可能存在的问题，验证预案中的组织方式和先后顺序。

2．模拟演练

模拟演练相对于沙盘推演又真实了一些，模拟演练一般在非生产环境进行，如在测试环境或者灾难备份环境中，按照应急预案的内容，完成应急操作。模拟演练的逼真程度较高，通过模拟演练，能够发现技术层面和操作层面中存在的问题。一些金融企业，对自己的核心系统，每年都会组织模拟演练。

3．真实切换

当技术水平和管理能力达到较高层次，在对于灾备系统建设和风险点的规避都已经比较成熟的前提下，一些企业或者组织会考虑通过真实切换，来验证备份系统的可靠性。通常，企业会选择在业务非高峰时段，停止生产系统，将访问流量切换到灾备系统进行处理。一般敢于做真实

切换的企业,基本上灾备系统都做到了双活水平,RTO 和 RPO 趋近于 0,
切换对用户访问不造成影响。

6.4　作业与练习

一、问答题

1．一个系统 24×365 小时对外服务,2017 年度中断服务 20 小时,
该系统的可用性为多少?

2．简述脑裂现象是如何产生的,怎么避免?

3．请列出 3 种数据复制技术。

4．请列出 3 种常见的监控指标项。

二、判断题

1．保证可用性的核心思想是冗余。

2．例如灾难发生后,灾备系统花费了 1 小时将服务全部恢复,数
据丢失了 15 分钟,则 RPO 是 1 小时,RTO 是 15 分钟。

3．灾备的日常演练就是真实切换。

第 7 章

应用变更管理

应用系统变更是指开发或建设项目交付后，对生产运行系统配置单元现有状态进行变化，如新建、改变和消除等。应用变更管理是指在最短的中断时间内完成基础架构或服务的任一方面的变更而对其进行控制的服务管理流程。变更管理的目标是确保在变更实施过程中使用标准的方法和步骤，尽快地实施变更，以将由变更所导致的业务中断对业务的影响减小到最低。通常，根据变更的紧急程度和风险程度，可以将变更分为标准变更、紧急变更等。本章主要介绍了变更管理概述、变更管理流程以及变更与配置管理的关系等内容。

7.1 变更管理概述

7.1.1 变更管理目标

变更管理目标主要是指确保变更被记录然后被评估、授权、决定优先级、计划、测试、实施、记录和审核的一系列控制措施，将由变更所导致的业务中断对业务的影响减小到最低。

7.1.2 变更管理范围

变更管理范围主要是指支撑业务服务的应用软件及其依赖的基础设施环境等基础配置项，在整个生命周期内发生变化时的管理。

7.1.3　变更管理的种类

1．标准变更

标准变更也称例行变更，是由变更管理预先批准的对服务和基础设施的变更。其具有一个既定的流程来提供变更请求服务，由这个标准变更授权来批准每一个标准变更的发生。

标准变更关键在于以下几方面。

- ❑ 变更请求的发起是由一个已定义的场景或条件来发起的。
- ❑ 管理权限事先给予。
- ❑ 低风险且易于了解。

一旦标准变更管理方式被通过，标准变更流程和相关变更工作流程都应该被订制和被传达。标准变更流程应在建立变更管理流程初期就被订制。所有变更包括标准变更将有详细的变更记录。配置项目的标准变更在资产或配置项目生命周期中被跟踪。一些标准变更会被服务请求流程触发并由服务台直接记录和执行。

2．紧急变更

紧急变更被预留给旨在修复那些严重影响到业务的紧迫程度高的 IT 服务故障或者紧急的业务需求。一个紧急变更的授权级别和权力下放程度应清楚地被记录和了解。在紧急情况下，由 ECAB 批准。

紧急变更的测试仍是不可避免的，应避免那些完全未经测试的变更。变更的实施未能解决错误时可能需要有修补程序来迭代尝试。变更管理应确保业务是被优先考虑的。每次迭代都应在控制之下并确保失败的变更被及时退出。

7.1.4　变更管理的原则

变更管理的原则如下。

- ❑ 应建立组织变更管理文化。
- ❑ 变更管理流程与企业项目管理、利益相关者的变更管理流程要一致。
- ❑ 职责分离。
- ❑ 防止生产环境中的未授权变更。
- ❑ 和其他服务管理进程一致从而可以追踪变更、发现未授权变更。
- ❑ 明确变更窗口。
- ❑ 严格评估影响服务能力的变更的风险和性能。

▲ 7.2 变更管理流程

7.2.1 变更的组织架构

变更的组织架构包括变更咨询委员会（CAB）、变更控制委员会（CCB）和紧急变更控制委员会（ECCB）。

7.2.2 变更的管理策略

变更管理的关键绩效指标和衡量标准如下。

- ❑ 变更数量。
- ❑ 服务中断数量、因为错误规则导致的缺陷或返工、不完整或缺乏评估这类现象的减少。
- ❑ 未经授权的变更数量。
- ❑ 无计划变更和紧急修复的数量和百分比。
- ❑ 变更成功率。
- ❑ 变更失败的数量。
- ❑ 变更回退的数量。
- ❑ 紧急变更数量。

7.2.3 变更的流程控制

变更管理的主要活动有以下几项。

- ❑ 变更的规划和控制。
- ❑ 变更和发布的调度。
- ❑ 变更决策和授权。
- ❑ 度量和控制。
- ❑ 管理报告。
- ❑ 了解变更影响。
- ❑ 持续改进。

7.2.4 变更管理流程

1. 创建和记录变更请求

变更是由发起者通过一个请求发起的。对于一个能给组织或财政带来重大影响的重大变更，变更提议需要被完整说明，并连同从业务和财政角度来说明。

变更记录，记录了变更的所有历史痕迹，从变更请求和随后已设定的参数记录中获得信息,如优先和授权、执行和检查信息。变更记录的定义应在流程规划和设计时完成。变更文档的各类属性要尽量标准化。变更文档、相关记录和相关配置项都由配置管理系统来更新。所有预算、实际资源、成本和结果都被管理报告记录。

2. 变更请求审核

应过滤以下变更。

❑　不合理的变更请求。

❑　过期、已接受、被拒绝或仍在审议中的被重复提交的变更请求。

❑　提交不完整变更请求。

这些变更请求应退回给发起者并连同拒绝理由及简单细节描述,同时在日志中记录这一事项。

3. 变更评估

失败的变更引发的潜在影响和对于服务资产和配置的影响需要被考虑。变更以下 7 个问题能对变更进行评估。

❑　谁提出的变更。

❑　变更的原因。

❑　变更的回报。

❑　变更带来哪些风险。

❑　变更所需要的资源。

❑　谁来负责建立、测试和实施变更。

❑　变更之间的关系。

4. 变更的风险

可以根据变更的影响及问题发生的概率,对变更的风险进行相应的区分,分区图如图 7-1 所示。

图 7-1　变更风险评估

5. 分配优先次序

确定变更顺序是一项重要工作。每一个变更都包括发起人对影响的评估和变更的紧迫性。变更优先是来自于影响性和紧迫性。最初的影响性和紧急度是由发起人提供的，但在变更授权流程中优先次序可能会被修改，所以风险评估在这一阶段就很重要。变更顾问组织为了评估实施或者不实施变更所引发的风险，需要业务影响信息。影响是基于有利于业务的变更或由于错误变更造成的损失和成本。影响无法用绝对数值表示，但可以取决于某些事情或某些情况的可能性。

6. 变更的规划和调度

仔细地规划变更确保变更管理流程中每一个任务都是明确的；明确其他流程所包含的任务；给那些变更和发布的供应商或项目提供多少流程接口。许多变更可能是属于一个发布的，有可能是设计、测试和发布。也有许多独立的变更组成一个发布，这可能造成复杂的依赖关系，难以管理。建议在变更管理中，调度变更时优先考虑业务而不是 IT 的需求。

事先商定和已确定的变更和发布窗口，能帮助组织改善计划和整个变更发布。只要有可能，变更管理应安排授权，进行发布目标变更或部署软件包和分配相应资源。变更管理协调产品和变更日程的分配以及预计服务中断。变更日程包括所有授权实施变更及实施日期的详细信息。预计服务中断包含 SLA 协议和可用性中的变更细节。

7. 变更的授权

特定类型变更的授权等级取决于变更种类、规模或风险。权力下放的程度即相应的授权程度，需考虑以下因素。

- ❑　预期业务风险。
- ❑　对财政影响。
- ❑　范围变化。

8. 协调变更执行

已授权的变更会被提交给执行变更的相关技术组，建议使用正规的方式来实现，便于对其进行追踪。变更管理应确保变更如期完成，管理主要起到协调作用，具体实施由其他人员负责。每个变更都应提前准备修复程序并将其文档化。因为实施期间或实施后发生错误时，这些程序需要在对业务最小影响下进行快速恢复。变更管理有监督的作用，确保变更是经过测试的。对于没有经全面测试的变更需要在执行时特别关注。

9.变更回顾、关闭

变更完成后变更管理者应对结果进行评估。评估还要包括由变更引起的任何事件。变更回顾应确认变更是否达到目标，应吸取的经验以及对今后的变更进行改进。变更若没有实现目标，变更管理应决定后续的行动，如果达到目标应关闭变更。

7.3　变更配置管理

为了管理大型复杂的 IT 服务和基础设施，资产和配置管理需要使用配置管理系统。在指定范围内配置管理系统掌握着所有配置项信息，配置管理系统为所有服务组件与相关事故、问题、已知错误、变更发布、文档、公司数据、供应商、客户信息做关联。具体可以参考本书第 1 章。

7.4　作业与练习

一、填空题

1．变更管理目标是确保变更被记录然后_____的一系列控制措施。

2．通常，变更分为_____和_____。紧急变更是被预留给旨在修复那些严重影响到业务的紧迫程度高的 IT 服务故障。

3．通常，变更的组织架构包括_____，全称_____；以及_____，全称_____。

二、问答题

1．请简要描述变更管理的活动流程。

2．请简要描述发布管理的活动流程。

3．请简要描述变更管理的关键绩效指标和衡量标准。

4．请简要描述发布管理的关键绩效指标和衡量标准。

参考文献

[1]　杨智敏．ITIL V3 服务转换篇之变更管理[EB/OL]．[2010-07-30]．http://blog.vsharing.com/standard/．

第 8 章

升级管理

本章简要介绍了 Hadoop、Spark、Hive SQL 及 ZooKeeper 的升级管理，包括升级风险、关键组件、升级配置等。HDFS 升级，是 Hadoop 集群升级的关键，而 HDFS 升级，最重要的是 namenode 的升级；Spark 并不是传统意义上"安装"在集群上，只需要下载并解压合适的版本、进行一定的配置并修改 SPARK_HOME 等环境变量即可；Hive 升级是向下兼容的，但是升级之后，在初始化阶段，会改变之前元数据的一些表结构，再用低版本的 Hive client 端访问元数据就会提示错误；ZooKeeper 升级采用逐台重启，并且以先 Follower 最后 Leader 的方式升级。

8.1 Hadoop 升级管理

Hadoop 是一个分布式系统基础架构，由 Apache 基金会开发。用户可以在不了解分布式底层细节的情况下，开发分布式程序。充分利用集群的威力高速运算和存储。简单地说，Hadoop 是一个可以更容易开发和运行处理大规模数据的软件平台。

Hadoop 实现了一个分布式文件系统（HDFS，Hadoop Distributed File System）。HDFS 有着高容错性（fault-tolerent）的特点，并且设计用来部署在低廉的（low-cost）硬件上。而且它提供高传输率（high throughput）来访问应用程序的数据，适合那些有着超大数据集（large data set）的应用程序。HDFS 放宽（relax）了 POSIX 的要求（requirements），这样可以流的形式访问（streaming access）文件系统中的数据。

下面列举 Hadoop 主要的一些特点。

- ❏ 扩容能力（Scalable）：能可靠地（reliably）存储和处理皮字节（PB）数据。
- ❏ 成本低（Economical）：可以通过普通机器组成的服务器群来分发以及处理数据。这些服务器群总计可达数千个节点。
- ❏ 高效率（Efficient）：通过分发数据，Hadoop 可以在数据所在的节点上并行地（parallel）处理它们，这使得处理非常的快速。
- ❏ 可靠性（Reliable）：Hadoop 能自动地维护数据的多份复制，并且在任务失败后能自动地重新部署（redeploy）计算任务。

8.1.1　Hadoop 升级风险

Hadoop 升级最主要是 HDFS 的升级，HDFS 的升级是否成功，才是升级的关键，如果升级出现数据丢失，则其他升级就变得毫无意义。

8.1.2　HDFS 的数据和元数据升级

HDFS 是一种分布式文件系统层，可对集群节点间的存储和复制进行协调。HDFS 确保了无法避免的节点故障发生后数据依然可用，可将其用作数据来源，可用于存储中间态的处理结果，并可存储计算的最终结果。

- ❏ 下载 hadoop2.4.1，${HADOOP_HOMOE}/etc/hadoop/hdfs-site.xml 文件中 dfs.namenode.name.dir 和 dfs.datanode.data.dir 属性的值分别指向 Hadoop1.x 的${HADOOP_HOME}/conf/hdfs-site.xml 文件中 dfs.name.dir 和 dfs.data.dir 的值。
- ❏ 升级 namenode：/usr/local/hadoop 2.4.1/sbin/hadoop-daemon.sh start namenode –upgrade。
- ❏ 升级 datanode：/usr/local/hadoop 2.4.1/sbin/hadoop-daemon.sh start datanode。

升级 HDFS 花费的时间不长，就是比启动集群的时间要多 2～3 倍的时间，升级丢失数据的风险几乎没有。具体可以参考如下代码。

- ❏ namenode 升级：org.apache.hadoop.hdfs.server.namenode.FSImage. doUpgrade（如果想查看 apache hadoop 版本是否可以升级到 hadoop2.4.1，可以在这里查阅代码判断，apache Hadoop 0.20 以上的都可以升级到 apache hadoop 2.4.1）。
- ❏ datanode 升级：org.apache.hadoop.hdfs.server.datanode.DataStorage. doUpgrade org.apache.hadoop.hdfs.server.datanode.BlockSender。

如果升级失败，可以随时回滚，数据会回滚到升级前那一刻的数据，升级后的数据修改，全部失效，回滚启动步骤如下。

（1）启动 namenode：/usr/local/hadoop1.0.2/bin/hadoop-daemon.sh start namenode –rollback。

（2）启动 datanode：/usr/local/hadoop1.0.2/bin/hadoop-daemon.sh start datanode –rollback。

8.1.3　YARN 升级配置

YARN 是 Yet Another Resource Negotiator（另一个资源管理器）的缩写，可充当 Hadoop 堆栈的集群协调组件。该组件负责协调并管理底层资源和调度作业的运行。通过充当集群资源的接口，YARN 使得用户能在 Hadoop 集群中使用比以往的迭代方式更多类型的工作负载。

由于任务计算都是使用 Hive，所以 YARN 的升级很简单，只是启动 YARN 即可。唯一要注意的是，从 MapReduce 升级到 YARN，资源分配方式变化了，所以要根据自己的生产环境修改相关的资源配置。YARN 的兼容问题，遇到的很少。

反而在任务计算中遇到更多问题的是 Hive，Hive 的版本从 0.10 升级到 0.13，语法更加苛刻、严格，所以升级前，尽可能测试 Hive 的兼容性，Hive 0.13 可以运行在 Hadoop 1.02 版本上，所以升级到 Hadoop 2 版本之前，先升级 Hive 到 Hive 0.13 版本以上，遇到问题，也没什么好办法，一般就是修改 Hive SQL，修改 Hive 参数。

YARN 任务无故缓慢，一个简单任务本来需要 30 秒，经常会出现 5 分钟都无法跑成功的现象。经过跟踪，发现是 nodemanager 启动 container 时，初始化 container（下载 jar 包，下载 job 描述文件）代码是同步，修改代码，把初始化 container 的操作修改为并发，可以解决该问题。

8.2　Spark 升级管理

Apache Spark 是一个围绕速度、易用性和复杂分析构建的大数据处理框架。最初在 2009 年由加州大学伯克利分校的 AMPLab 开发，并于 2010 年成为 Apache 的开源项目之一。与 Hadoop 和 Storm 等其他大数据和 MapReduce 技术相比，Spark 有如下优势。

首先，Spark 提供了一个全面、统一的框架用于管理各种有着不同性质（文本数据、图表数据等）的数据集和数据源（批量数据或实时的流数据）的大数据处理的需求。

Spark 可以将 Hadoop 集群中的应用在内存中的运行速度提升 100 倍，甚至能够将应用在磁盘上的运行速度提升 10 倍。

Spark 让开发者可以快速地用 Java、Scala 或 Python 编写程序。它本身自带了一个数量超过 80 个的高阶操作符集合，而且还可以用它在shell 中交互式地查询数据。

除了 Map 和 Reduce 操作之外，它还支持 SQL 查询、流数据、机器学习和图表数据处理。开发者可以在一个数据管道用例中单独使用某一能力或者将这些能力结合在一起使用。

8.2.1 Spark 特性

Spark 通过在数据处理过程中成本更低的洗牌（Shuffle）方式，将MapReduce 提升到一个更高的层次。利用内存数据存储和接近实时的处理能力，Spark 比其他的大数据处理技术的性能要快很多倍。

Spark 还支持大数据查询的延迟计算，这可以帮助优化大数据处理流程中的处理步骤。Spark 还提供高级的 API 以提升开发者的生产力，除此之外，还为大数据解决方案提供一致的体系架构模型。

Spark 将中间结果保存在内存中而不是将其写入磁盘，当需要多次处理同一数据集时，这一点特别实用。Spark 的设计初衷就是既可以在内存中又可以在磁盘上工作的执行引擎。当内存中的数据不适用时，Spark 操作符就会执行外部操作。Spark 可以用于处理大于集群内存容量总和的数据集。

Spark 会尝试在内存中存储尽可能多的数据然后将其写入磁盘。它可以将某个数据集的一部分存入内存而剩余部分存入磁盘。开发者需要根据数据和用例评估对内存的需求。Spark 的性能优势得益于这种内存中的数据存储。

Spark 的其他特性包括以下方面。

❏ 支持比 Map 和 Reduce 更多的函数。
❏ 优化任意操作算子图（operator graphs）。
❏ 可以帮助优化整体数据处理流程的大数据查询的延迟计算。
❏ 提供简明、一致的 Scala、Java 和 Python API。
❏ 提供交互式 Scala 和 Python Shell。目前暂不支持 Java。

Spark 是用 Scala 程序设计语言编写而成，运行于 Java 虚拟机（JVM）环境之上。目前支持编写 Spark 应用的程序语言有以下几种。

❏ Scala。
❏ Java。
❏ Python。
❏ Clojure。
❏ R。

8.2.2 Spark 生态系统

除了 Spark 核心 API 之外，Spark 生态系统中还包括其他附加库，可以在大数据分析和机器学习领域提供更多的能力。这些库包括以下方面。

（1）Spark Streaming

Spark Streaming 基于微批量方式的计算和处理，可以用于处理实时的流数据。它使用 DStream，简单来说，就是一个弹性分布式数据集（RDD）系列，处理实时数据。

（2）Spark SQL

Spark SQL 可以通过 JDBC API 将 Spark 数据集暴露出去，而且还可以用传统的 BI 和可视化工具在 Spark 数据上执行类似 SQL 的查询。用户还可以用 Spark SQL 对不同格式的数据（如 JSON、Parquet 以及数据库等）执行 ETL，将其转化，然后暴露给特定的查询。

（3）Spark MLlib

MLlib 是一个可扩展的 Spark 机器学习库，由通用的学习算法和工具组成，包括二元分类、线性回归、聚类、协同过滤、梯度下降以及底层优化原语。

（4）Spark GraphX

GraphX 是用于图计算和并行图计算的新的（alpha）Spark API。通过引入弹性分布式属性图（Resilient Distributed Property Graph），一种顶点和边都带有属性的有向多重图，扩展了 Spark RDD。为了支持图计算，GraphX 暴露了一个基础操作符集合（如 subgraph、joinVertices 和 aggregateMessages）和一个经过优化的 Pregel API 变体。此外，GraphX 还包括一个持续增长的用于简化图分析任务的图算法和构建器集合。

8.3 Hive SQL 升级管理

Hive 是基于 Hadoop 构建的一套数据仓库分析系统，它提供了丰富的 SQL 查询方式来分析存储在 Hadoop 分布式文件系统中的数据，可以将结构化的数据文件映射为一张数据库表，并提供完整的 SQL 查询功能，可以将 SQL 语句转换为 MapReduce 任务进行运行，通过自己的 SQL 去查询分析需要的内容，这套 SQL 简称 Hive SQL，使不熟悉 MapReduce 的用户可以很方便地利用 SQL 语言查询、汇总、分析数据。而 MapReduce 开发人员可以把自己写的 mapper 和 reducer 作为插件来支持 Hive 做更复杂的数据分析。

它与关系型数据库的 SQL 略有不同，但支持了绝大多数的语句如 DDL、DML 以及常见的聚合函数、连接查询、条件查询。Hive 不适合用于联机（online）事务处理，也不提供实时查询功能。它最适合应用在基于大量不可变数据的批处理作业。

Hive 的特点具有可伸缩（在 Hadoop 的集群上动态添加设备）、可扩展、容错，以及输入格式的松散耦合。

8.3.1　Hive SQL 体系结构

Hive SQL 主要分为以下几个部分。

（1）用户接口

用户接口主要有 3 个：CLI、Client 和 WUI。其中最常用的是 CLI，CLI 启动时，会同时启动一个 Hive 副本。Client 是 Hive 的客户端，用户连接至 Hive Server。在启动 Client 模式时，需要指出 Hive Server 所在节点，并且在该节点启动 Hive Server。WUI 是通过浏览器访问 Hive。

（2）元数据存储

Hive 将元数据存储在数据库中，如 MySQL、derby。Hive 中的元数据包括表的名字，表的列和分区及其属性，表的属性（是否为外部表等），表的数据所在目录等。

（3）解释器、编译器、优化器、执行器

解释器、编译器、优化器完成 HQL 查询语句的词法分析、语法分析、编译、优化以及查询计划的生成。生成的查询计划存储在 HDFS 中，并在随后由 MapReduce 调用执行。执行器在 MapReduce 中执行。

（4）Hadoop

Hive 的数据存储在 HDFS 中，大部分的查询由 MapReduce 完成（包含*的查询，如 select * from tbl 不会生成 MapReduce 任务）。

8.3.2　安装配置

可以下载一个已打包好的 Hive 稳定版，也可以下载源码自己 build 一个版本。

（1）安装需要的环境

Java 1.6、Java 1.7 或更高版本。

Hadoop 2.x 或更高，1.x. Hive 0.13 版本，也支持 0.20.x 和 0.23.x。

Linux、Mac、Windows 操作系统。以下内容适用于 Linux 系统。

（2）安装打包好的 Hive

① 需要先到 apache 下载已打包好的 Hive 镜像，然后解压该文件。

```
$ tar -xzvf hive-x.y.z.tar.gz
```

② 设置 Hive 环境变量。

```
$ cd hive-x.y.z$ export HIVE_HOME={{pwd}}
```

③ 设置 Hive 运行路径。

```
$ export PATH=$HIVE_HOME/bin:$PATH
```

（3）编译 Hive 源码

下载 Hive 源码。此处使用 maven 编译，需要下载安装 maven。

以 Hive 0.13 版为例，编译 Hive 0.13 源码基于 hadoop 0.23 或更高版本。

```
$cdhive$mvncleaninstall-Phadoop-2,dist$cdpackaging/target/apache-hive-{version}-SNAPSHOT-bin/apache-hive-{version}-SNAPSHOT-bin$lsLICENSENOTICEREADME.txtRELEASE_NOTES.txtbin/(alltheshellscripts)lib/(requiredjarfiles)conf/(configurationfiles)examples/(sampleinputandqueryfiles)hcatalog/(hcataloginstallation)scripts/(upgradescriptsforhive-metastore)
```

编译 Hive 基于 Hadoop 0.20。

```
$cdhive$antcleanpackage$cdbuild/dist#lsLICENSENOTICEREADME.txtRELEASE_NOTES.txtbin/(alltheshellscripts)lib/(requiredjarfiles)conf/(configurationfiles)examples/(sampleinputandqueryfiles)hcatalog/(hcataloginstallation)scripts/(upgradescriptsforhive-metastore)
```

（4）运行 Hive

① Hive 运行依赖于 Hadoop，在运行 Hadoop 之前必须先配置好 hadoopHome。

```
export HADOOP_HOME=<hadoop-install-dir>
```

② 在 HDFS 上为 Hive 创建\tmp 目录和/user/hive/warehouse(akahive.metastore.warehouse.dir) 目录，然后才可以运行 Hive。

③ 在运行 Hive 之前设置 HiveHome。

```
$ export HIVE_HOME=<hive-install-dir>
```

④ 在命令行窗口启动 Hive。

```
$ $HIVE_HOME/bin/hive
```

◢ 8.4 ZooKeeper 升级管理

ZooKeeper 是以 Fast Paxos 算法为基础的，Paxos 算法存在活锁的问题，即当有多个 proposer 交错提交时，有可能互相排斥导致没有一个 proposer 能提交成功，而 Fast Paxos 做了一些优化，通过选举产生一个 Leader（领导者），只有 Leader 才能提交 proposer，具体算法可见 Fast Paxos。因此，要想弄懂 ZooKeeper 首先得对 Fast Paxos 有所了解。

ZooKeeper 的基本运转流程如下。

- ❑ 选举 Leader。
- ❑ 同步数据。
- ❑ 选举 Leader 过程中算法有很多，但要达到的选举标准是一致的。
- ❑ Leader 要具有最高的执行 ID，类似 root 权限。
- ❑ 集群中大多数的机器得到响应并 follow 选出的 Leader。

本文介绍的 ZooKeeper 是以 3.2.2 这个稳定版本为基础，最新的版本可以通过官网 http://hadoop.apache.org/zookeeper/来获取，ZooKeeper 的安装非常简单。下面将从单机模式和集群模式两个方面介绍 ZooKeeper 的安装和配置。

8.4.1 单机模式

单机安装非常简单，只要获取到 ZooKeeper 的压缩包并解压到某个目录如/home/zookeeper-3.2.2 下，ZooKeeper 的启动脚本在 bin 目录下，Linux 下的启动脚本是 zkServer.sh，在 3.2.2 这个版本中 ZooKeeper 没有提供 Windows 下的启动脚本，所以要想在 Windows 下启动 ZooKeeper 要自己手工写一个，代码如下所示。

Windows 下 ZooKeeper 启动脚本：

```
setlocal
set ZOOCFGDIR=%~dp0%..\conf
set ZOO_LOG_DIR=%~dp0%..
set ZOO_LOG4J_PROP=INFO,CONSOLE
set CLASSPATH=%ZOOCFGDIR%

set CLASSPATH=%~dp0..\*;%~dp0..\lib\*;%CLASSPATH%
set CLASSPATH=%~dp0..\build\classes;%~dp0..\build\lib\*;%CLASSPATH%
set ZOOCFG=%ZOOCFGDIR%\zoo.cfg
set ZOOMAIN=org.apache.zookeeper.server.ZooKeeperServerMain
java "-Dzookeeper.log.dir=%ZOO_LOG_DIR%" "-Dzookeeper.root.logger=%ZOO_
```

```
LOG4J_PROP%"
-cp "%CLASSPATH%" %ZOOMAIN% "%ZOOCFG%" %*
endlocal
```

在执行启动脚本之前，还有几个基本的配置项需要配置一下，ZooKeeper 的配置文件在 conf 目录下，这个目录下有 zoo_sample.cfg 和 log4j.properties 文件，需要做的就是将 zoo_sample.cfg 改名为 zoo.cfg，因为 ZooKeeper 在启动时会找这个文件作为默认配置文件。下面详细介绍一下这个配置文件中各个配置项的意义。

```
tickTime=2000
dataDir=D:/devtools/zookeeper-3.2.2/build
clientPort=2181
```

❑ tickTime：这个时间是作为 ZooKeeper 服务器之间或客户端与服务器之间维持心跳的时间间隔，也就是每个 tickTime 时间就会发送一个心跳。

❑ dataDir：顾名思义，就是 ZooKeeper 保存数据的目录，默认情况下，ZooKeeper 将写数据的日志文件也保存在这个目录里。

❑ clientPort：这个端口就是客户端连接 ZooKeeper 服务器的端口，ZooKeeper 会监听这个端口，接受客户端的访问请求。

当这些配置项配置好后，就可以启动 ZooKeeper 了，启动后要检查 ZooKeeper 是否已经在服务，可以通过 netstat – ano 命令查看是否有配置的 clientPort 端口在监听服务。

8.4.2　集群模式

ZooKeeper 不仅可以单机提供服务，同时也支持多机组成集群来提供服务。实际上 ZooKeeper 还支持另外一种伪集群的方式，也就是可以在一台物理机上运行多个 ZooKeeper 实例。下面将介绍集群模式的安装和配置。

ZooKeeper 的集群模式的安装和配置也不是很复杂，所要做的就是增加几个配置项。集群模式除了上面的 3 个配置项还要增加下面几个配置项：

```
initLimit=5
syncLimit=2
server.1=192.168.211.1:2888:3888
server.2=192.168.211.2:2888:3888
```

❑ initLimit：这个配置项是用来配置 ZooKeeper 接受客户端（这

里所说的客户端不是用户连接 ZooKeeper 服务器的客户端，而是 ZooKeeper 服务器集群中连接到 Leader 的 Follower 服务器）初始化连接时最长能忍受多少个心跳时间间隔数。当已经超过10 个心跳的时间（也就是 tickTime）长度后 ZooKeeper 服务器还没有收到客户端的返回信息，那么表明这个客户端连接失败。总的时间长度就是 5×2000 毫秒=10 秒。

❑ syncLimit：这个配置项标识 Leader 与 Follower 之间发送消息，请求和应答时间长度，最长不能超过多少个 tickTime 的时间长度。总的时间长度就是 2×2000 毫秒=4 秒。

❑ server.A=B：C：D：其中 A 是一个数字，表示这个是第几号服务器；B 是这个服务器的 IP 地址；C 表示的是这个服务器与集群中的 Leader 服务器交换信息的端口；D 表示的是万一集群中的 Leader 服务器挂了，需要一个端口来重新进行选举，选出一个新的 Leader，而这个端口就是用来执行选举时服务器相互通信的端口。如果是伪集群的配置方式，由于 B 都是一样，不同的 Zookeeper 实例通信端口号不能一样，所以要给它们分配不同的端口号。

除了修改 zoo.cfg 配置文件，集群模式下还要配置一个文件 myid，这个文件在 dataDir 目录下，这个文件里面就有一个数据是 A 的值，ZooKeeper 启动时会读取这个文件，拿到里面的数据与 zoo.cfg 里面的配置信息比较从而判断到底是哪个 Server。

🔺 8.5　作业与练习

一、填空题

1. Hadoop 是一个分布式系统基础架构，由_____基金会开发。

2. HDFS 是一种_____文件系统层，可对_____间的存储和复制进行协调。HDFS 确保了无法避免的_____发生后数据依然可用，可将其用作数据来源，可用于存储中间态的处理结果，并可存储计算的最终结果。

3. Spark 是一个围绕_____构建的大数据处理框架。最初在 2009 年由_____的 AMPLab 开发，并于 2010 年成为_____的开源项目之一。

4. ZooKeeper 主要有包括_____模式和_____模式。

二、问答题

1．请简要描述 Hadoop 的主要特点。

2．请简要描述 Spark 的主要特点并说明 Spark 的生态系统。

3．请简要描述 Hive SQL 的体系结构。

参考文献

[1] Hadoop[EB/OL]．http://baike.baidu.com/item/Hadcop/．

[2] Hadoop2 升级的那点事情（详解）[EB/OL]．[2014-09-17]．http://www.cnblogs.com/ggjucheng/p/3977185.html．

[3] Srini Penchikala 用 Apache Spark 进行大数据处理[EB/OL]．http://www.infoq.com．

[4] Hadoop 集群之 Hive 安装配置，www.csdn.net，201601．

[5] ZooKeeper 简介，www.cnblogs.com．

第 9 章

服务资源管理

在大数据系统中，服务资源管理共有 6 种，主要包括财务、人力资源、合作伙伴、信息技术、基础设施、工作环境等方面的管理。本章将着重介绍如何通过服务资源管理的灵活运用，来帮助企业更好地运营大数据系统。

9.1 业务能力管理

业务管理是指公司在生产、投资、服务、劳动和财务等业务流程过程中按照有效标准实施、调整、控制等进行管理活动的管理。业务能力是运营体系运行的重心部分，始于采购供应，中间涉及产品生产和储备，下游至产品的服务售后等，都在运营的过程中实现。因此，业务能力的管理是决策和管理的关键。

本节将主要介绍在大数据系统的运营维护中，如何做好业务能力的管理。主要包括两个部分：业务需求评估和业务需求趋势预测。

9.1.1 业务需求评估

在大数据时代，企业面临可用信息不足等问题，大量的数据被忽略，处理不当或未被使用。许多公司通过不完整或不可信的信息来做出重大的决定。业务需求分析旨在促进企业业务识别和策略优化，帮助企业进行绩效管理、信息管理和内容管理，提高效率，实施主动风险管理，实现智能化，帮助企业更准确地预测结果，发现更多之前无法预测的商机。

做好需求评估，需要先做好需求收集。围绕大数据系统，展开需求收集，需求收集的主要作用是为项目定义业务范围奠定基础，记录并管理关系人的需求，最终实现项目目标。

需求收集好后，可以根据实际情况，运用不同的方法进行需求评估，包括以下几种。

❑ 研讨会。研讨会能够对客户的业务需求进行快速定位，在讨论过程中，参与人之间可以充分交流意见，建立信任，有助于参与人之间改进关系，从而达成意见一致，及时发现问题，更好地解决问题。

❑ 头脑风暴法。将收集的需求产生多种创意的技术，有助于参与者对需求有更深入的了解，同时对需求进行评估。

❑ 群体决策。群体决策在业务需求评估中体现为对执行方案进行评估的过程，达成某种结果，把企业期望与业务现状相结合。根据专家问卷，汇总需求结果，若群体中超过半数的人投赞成票，则做出决策。

❑ 标杆对照。标杆对照是与行业内的其他企业进行比较的过程，通过将实际的企业计划进行比较，从中识别出最佳实践，形成针对已有方案的改进意见，并为企业业务需求评估进行有针对性的考核。

9.1.2　业务需求趋势预测

业务需求是不断变化的，服务于业务需求的大数据系统也是不断变化着的。对业务需求进行趋势预测，有助于对系统进行前瞻性的规划、管理，使得在不久的将来有望继续保持公司预期水平，并成为业务规划和控制决策的基础。业务需求预测与生产经营密切相关。业务需求趋势预测的常见方法有如下几种。

（1）业务分析法

业务分析在每个应用领域都有一种或多种普遍接受的方法来改变业务需求，包括对系统工程和价值工程进行系统性的分析，以及对产品和需求的局部性分析。

（2）状态评估法

这种做法假设企业必须维持原有的生产和生产技术不变，公司必须处于相对稳定的状态，即目前与大量人员和公司合作的公司的份额必须满足市场业务规划的需要。因此，预测业务必须衡量业务规划期间的变化。

（3）专家讨论法

专家讨论法适用于长期业务需求预测。通过抓住技术发展的趋势，相关领域的技术人员更有可能预测这一领域的经营情况。讨论可分两次进行，二次讨论旨在提升预测信度。在第一次讨论中，专家们独立自主地对技术发展计划进行了预测，相关管理人员将组织这些计划。二次讨论主要是基于公司的需求计划，以满足业务需求的相关讨论及专家预测。

（4）经验法

经验预测方法适用于相对稳定的小企业。该方法主要利用现有信息和数据，并结合公司的实际特点，来预测公司未来的业务需求。结果表明，经验和历史数据对于提高预测准确性和减少错误的影响更大。这种方法适合于在某一时期发展的情况下，公司整体方向变化不大，通常用于短期预测。

（5）工作研究法

工作研究预测法是根据具体情况对公司的工作内容和任务区域进行分析预测。研究预测方法的关键是工作内容的准确描述，科学的工作分析，商业市场标准的制定。如果公司的结构相对简单，业务能力明显，研究和分析工作更容易实施。

（6）管理评级法

管理评估是预测主观过程中最常见的业务需求。一定时期企业对人力资源的需求由总经理、业务单位经理和专员组成。管理评估程序可以分为自下向上反馈和自上而下反馈的两种方法。根据业务需求提高公司的管理认知发展目标、组织策略和框架条件预测，主要根据目标公司的生产、销售或服务规模等业务要求为基础进行预测。这种方法的主要缺点是：强大的主观性，受到个人决定的影响，根据经验和判断力。该方法在短期预测中广泛使用，预测结果可以与其他预测方法的结果相结合使用。

（7）微分法

微整合方法是组织不同部门，对未来时期的各种业务需求进行分析，各部门一起形成整个预测方案。这种方法从上到下安排，根据部门业务发展需要的需求预测部门负责人的工作，以预测公司的未来需求，然后从下一步到报告，预测和总结适用于短期预测，组织结构相对稳定的公司。

（8）情景描述法

情景描述法是构建一个情景模型，建立假定条件，对企业日后的战略目标调整和环境变化等情景进行需求预测。情景描述在当业务需求改变、环境变化或组织变化时经常使用到。

（9）驱动因素法

该方法的原则是根据公司基本特征有关的因素对公司的活动或工

作量进行管理，从而确定公司的经营要求。驱动因素预测方法主要有 3
个步骤：一是找出驱动因素，包括生产变化（单位或收入数量，生产销售，
完结项目，交易等），服务质量与客户关系变化（规模，持续时间，质量），
新资本投资的影响（设备，技术等）；二是分析驱动因素和业务需求之间
的联系；三是预测驱动因素，根据预测因素的影响从而预测业务需求。

9.2 服务能力管理

服务能力也称最大产出率，大数据系统的服务能力管理是指调节系
统提供服务的能力，使之与不断更新的外部需求变化相匹配，使得系统
能够最大效率地提供服务产出。具体来说，包括人员能力、服务成本、
技术与工具 3 个部分。

9.2.1 人员能力动态管理

大数据系统服务的特征之一就是服务提供人与客户密不可分。在提
供服务产品的过程中，员工是一个不可或缺的因素，负责与客户接触的
员工对客户和服务企业都起着决定性作用，对于服务机构它们是唯一的
使服务有区别于竞争对手的方式，也有可能是失去客户的原因所在，它
们代表着公司，直接影响客户满意度。对于人员能力动态管理有以下几
种措施。

（1）观察交谈

通过该方法，项目管理团队可以对成员的个人产出价值、人际交往
关系等有更加深入的了解，由此全面监测、把控项目进展。

（2）绩效评估

在工作过程中，绩效评估是有效凸显个人能力的一种评估方法，向
团队成员传达关键性反馈，对正式或非正式项目进行绩效评估，确定日
后的个人成长路径和发展目标。个人绩效评估和从事项目的时间长短、
工作的难易程度、组织政策、官方的劳动合同约定等有重要的关联。

（3）冲突管理

冲突贯穿于项目的整个过程，在所难免。冲突的来源多种多样，有
因为项目资源的稀缺性导致的项目成员之间产生的资源争夺冲突，有因
为优先级排序导致的进度冲突，也有因为个人工作风格差异导致的个人
冲突，这些都会阻碍项目进度。冲突虽然不可避免，但通过成熟的团队
规则进行约束，以及最大发挥项目管理实践的作用，可以明显降低冲突
带来的损失。冲突本质上不是一件坏事，如果管理得当，意见分歧之类

的冲突反而有利于提高成员之间的工作效率。在冲突管理的过程中，需要项目经理提供协助，一旦发生冲突，立即介入，通过私下处理的方式，对冲突进行管理。一旦失去控制，则应当使用事先约定的规范进行强制惩戒。

（4）人员培训

组织的发展离不开人的发展，要想保证服务绩效，首先要关注员工队伍的服务质量，关注员工的个人综合能力的提高。综合能力包括以下几种。

① 交际能力。这是服务人员的首要特质，与人交往就是要善于与客户沟通，建立良好的客户关系，获得可用信息，要采取适当的交往方式，有正确的服务意识与态度。

② 合作能力。在工作中，服务人员要与多方建立合作关系，如上司、下属、同事、顾客、供应商等，这就需要提高人员的全局意识，提高自身的沟通、协调意识，学习开展多方合作，最大发挥各角色的作用，提升客户的满意水平，真正发挥其纽带、中介作用。

③ 学习能力。在工作过程中对服务人员也是一种学习的过程，服务人员在收集客户需求过程中需要有正确的服务意识和敏锐的洞察力。快速适应市场需求的变化，努力完善自身技能。

④ 文化素养。服务过程不仅是一项物质享受，也是一种精神文化享受，服务人员应具备一定的文化素养，才能够有效地与客户沟通。文化知识越渊博，越能和客户产生情感共鸣。

⑤ 技术性能力。技术能力是服务人员的所需技能之一，一般而言，企业可以通过培训的方式让服务人员提高专业技能本领。

9.2.2　服务成本动态管理

服务成本管理是指制定一系列的政策、程序和文档来管理和控制项目成本，这为在大数据系统进行服务成本管理指明了方向。做好服务成本管理，需要首先估算完成服务项目工作花费的成本。成本估算的依据包括以下几种。

（1）场景成本估算

所有项目的成本评估应做出相对直观的判断，该评估可以一部分为起草评估，其次可由外部助手评估，最后精炼这些评估，确定客户是否能提供它们。

（2）人力资源估算

负责人员的职能分配、报价以及成本估算。如果是外部成员应与该公司做出相应的个人成本估算。

（3）范围基准估算

服务团队从战略层角度审核项目的合约和假设。根据成本、有效性、开始日期和结束日期（总的时间长度）、技术说明创建项目需求评估。

（4）服务进度估算

根据项目进度计划，把时间格式化到日历表中。将序列化任务、资源计划、成本评估和时间评估相综合。

（5）风险成本估算

风险成本估算要考虑意外发生，例如人员流失、项目验收延时等一系列特殊情况，需要考虑到成本估算中。

（6）工作环境估算

需要考虑环境因素，例如出差，给出机票、住宿、餐饮、出租车等一系列成本。

在项目中，成本估算会用到以下几种方法。

❑ 历史信息判断：专家基于历史过往的项目信息可以结合差异进行成本的估算。

❑ 类比估算：指参考以往类似项目的基本要素（如人、时间、预算等），推算现有项目的成本，主要适用于项目信息十分缺乏的情况。类比估算占用的时间较少，估算成本也较低，但需要根据具体情况进行后续的调整。相比其他的估算方法，所对应的准确性也相对较低。

❑ 参数估算：参数估算是较为直接的估算方法，主要参考历史数据，结合对变量关系的分析，设计模型进行估算。模型的准确度越高，参数估算也越精确。

❑ 自下而上估算：自下而上的估算主要是通过对项目中每一个特定的项目进行详细的估算，然后不断汇总向上，从而形成整个项目的估算。自下而上的估算方法通常取决于项目单个活动或工作包的规模和复杂度。

❑ 三点估算：首先，分解出项目中的未定因素；其次，使用 3 种估算值测量出成本区间，以此保证最终结果的准确性。基于 3 种估算值的估算公式为

项目估算成本=(最悲观成本+最可能成本+最乐观成本)/3

❑ 储备分析：指项目估算中的应急储备部分，用于管理已知的项目风险。在项目进行的过程中，项目的已知信息会越来越多，项目的预期也越来越明确，相应的，应急储备也会随之减少。

成本估算的主要目的是为了控制成本。有效的成本控制管理，应着眼于项目成本支出与实际工作完成的关系，以及对批准的成本基准变更

进行管理。其作用是监督并调节项目进展过程中损耗的人力、物力、财力。要把成本支出控制在批准资金额度内，把生产费用控制在事先计划的成本范围内，及时纠正成本与绩效的偏差，最终降低项目成本。

9.2.3　技术与工具管理

为保证服务的效率和效果，需要做好技术与工具管理。尤其是对于大数据系统而言，技术与工具是服务能力的重要保证。

在技术管理方面，参照公司的运维服务规划要求，制定相关制度，主要包括年度技术研发计划和技术研发管理制度。年度技术研发计划不仅包括研发环境、人力、资金等计划，还包括前瞻性技术的开发与运用等。计划编制完成后，等待公司审批，审批通过后落地实施，由人事、财务和质保部门配合落地工作的开展，由研发部评估项目的执行情况。

在工具管理方面，主要工作有运行维护工具，建立与之匹配的用户手册，登记监测工具的日常使用记录，形成工具使用效果的评估报告等。工具主要包括运维监控工具、过程管理工具和专用工具。监控工具主要负责收集并监控数据，评估潜在的服务对象故障因素。过程管理工具是交付过程中发生的公司与客户双方签订的 SLA 管理运行维护服务，包含日常运维管理、记录、监督和评测功能；专用工具包括在公司服务要求指导下配备的安全工具和用于特殊要求的工具。

🔺9.3　服务资源整合

在大数据系统中，涉及到多方的服务资源，做好服务资源整合，是以长期的战略决策和市场的进步为依据。企业的发展需要各种资源的强有力的战略合作，将各类资源整合优化。企业需要具备及时调控企业资源的能力，建立动态策略，从而完善企业的战略规划。

9.3.1　不同角色的责权划分

不同的角色是团体和组织中项目利益相关联的个体，会影响交付成果和集体决策。项目干系人是利益与项目实施的过程息息相关的一环，如客户、公司领导、项目发起人、上下游供应商等。他们的利益受到项目实施或完成情况的影响，这些影响或好或坏，因此干系人对项目也存在正向和负向两种影响。项目干系人可以是和组织息息相关的内部人员，也可能是其他外部人员。

在项目不同角色责权划分的过程中，要依据项目角色的特点，结合项目本身的实际需要，进行适当的划分。具体来说，项目角色和相应的责权划分包括以下几种。

（1）项目经理

他的角色是项目的领导，主要有安排项目工作进度，对产品和服务的最终交付负责等权利。其中主要职责包括监测、记录、报告和处理出现的问题。项目经理是项目主要的联系人，建设团队与外界环境联系，向团队传达和贯彻公司的政策及发展战略等，领导团队成员完成工作，传递知识技能，激励团队成员，同时做好绩效考核，进行工作评估，最终提高整个团队的绩效。

（2）项目发起人

项目发起人是批准该项目的人，提供权限、财政支持和建议。项目发起人和项目经理共同为项目的成功进行负责。他们最大限度地减少其他管理人员的职责干预。客户是支付或使用该项目成果的个人或组织。客户细分为使用成果的人和批准成果的人。批准最终产品的客户是关键项目干系人。

（3）项目控制人员

主要职责是跟进采集信息，管理项目的现状和进程，这一职位要向高层管理者和客户汇报项目的进展情况，对于项目的按时完成有重要的推进作用。项目控制人员先采集信息，然后对信息进行分析，以确认信息的可用性，之后输出报告，最后，信息由相关人员整理后形成项目进度报告。在整个过程中，由项目控制人员来总体把控采集信息的准确率。

（4）团队成员

成员是项目团队中的关键构成，他们的主要职责是帮助团队完成共同愿景，并为团队愿景的实现尽己所能。维护团队的团结及共同努力成果；捍卫团队荣誉；严守团队机密；按时参与团会，提出建设性提议，与团队达成共识；保证质量并按时完成团队任务，努力为团队创造绩效。

（5）项目专家

项目专家作为某一专题的专家，应该对团队项目进行过程中碰到的有关专业性的问题提出自己的看法与建议，需要充分发挥自己的经验并充分发挥自己的专业知识与能力；不断深化学习，从理论到实践，充分提升自身的专业化水准；强化与各领域内专家的交流与合作，拓展眼界；用自己的专业技能，努力克服面临的团队难题，旨在提升团队综合绩效、加强团队发展。

（6）会计/财务专家

负责项目预算和有开支要求的职员，需要与此项目干系人建立好良好的关系，能够保持文书工作的顺利进行。

项目的角色和职责可以采用多种方法来记录，通常有以下 3 类：层级型、矩阵型和文本型。最终要保证项目每一个工作线对应一个明确的责任人，全体团队成员对自己有明确的角色和职能定位，具体如图 9-1 所示。

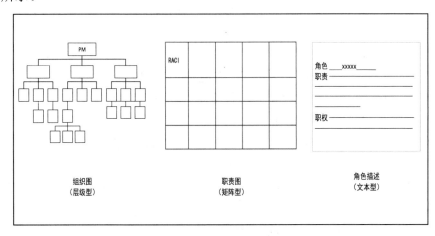

图 9-1　项目角色和职责

9.3.2　用户、供应商、厂商的典型协作方式

在大数据系统建设和维护中，用户、供应商、厂商的典型协作方式通常有以下 3 种。

1. 总价合同协作方式

总价合同是先设置一个总价，然后按流程采买特定产品或服务。在总价合同中，买方承担的风险最小，他们通常更关注工作边界。总价合同适用于工作边界能够定义清晰的项目，一般情况下，总价会根据工作范围的调整而变动。总价合同分为 3 种：① 固定总价合同（FFP）。目前，这种合同类型最为常见。采购价格一经确定，原则上无法更改，特殊情况如工作范围调整除外。② 总价奖励费合同（FPIF）。首先，需要拟定一个奖励目标，用来衡量卖方的产出价值，奖励费用主要与卖方的成本或绩效相关。其次，等到所有工作完成，评价卖方绩效，最终在总价基础上敲定最终合同价格。要注意的是，在总价奖励费合同中，会有一个最高的价格预期，卖方不仅要按时完成工作，而且要承担超出最高预期的所有成本。③ 总价加经济价格调整合同（FP-EPA）。如果卖方履行约定跨域时间（几年）较长，合同应使用此类型。如果买方和卖方需要保持各种长期的合作关系，可以使用此类型的合同。在外部条件有变化，如出现通货膨胀或通货紧缩，该类型合同依然是围绕双方事先约定的方式调整最终价格。

2. 成本补偿合同协作方式

这种合同类型的最大风险人是卖家，以卖家参与项目的实际消耗成本为付款基础，适用于卖方了解买方采购产品或服务的意图，但工作边界无法准确定义的情况。成本补偿合同有以下四大类。

（1）成本加固定费用合同

该类型的合同由两部分组成，首先是项目实际成本，其次是固定费用，即双方事先约定好的买方支付给卖方的固定利润。

（2）成本加奖励费用

主要包括三部分：一是实际消耗成本；二是固定费用；三是奖励。

（3）成本加奖励费用（CPAF）

除了买方支付给卖方的实际成本外，买方还会额外付给卖方一笔利润，但金额全权由买方决定。

（4）成本加百分比合同（CPPC）

以卖方消耗的实际成本为基础，买方再增加该成本的某个百分比利润，利润的高低完全取决于卖方消耗的成本大小，缺点是不能把控对卖方的限制程度。

3. 工料合同协作方式

工料合同属于混合型合同，集合了成本补偿合同和总价合同的共同优势，是对前两种合同的补充。在工作说明书情况不明朗时，通常用工料合同来进行协作。与前两种合同不同，在工料合同中，卖方承担最小的风险，无须对最终结果负责。由于在工料合同中，卖方对于全部项目而言的作用比较小，在整个工作中只起部分作用，对项目的最终结果的影响非常小，所以这种合同并没有广泛使用。一般来说，参考项目的实际情况，选择特定的协作方式。在 PMBOOK 里，对于这种工料合同协作方式的使用场景，强调"项目工作说明书定义模糊时，参照工料合同增减人手。"这就意味着，使用工料合同的原因并不是项目工作不能"精确"定义，而是"无法"对项目的工作进行定义，也就是没有项目工作说明书，即没有工作范围。

上述 3 种合同的协作方式，在实际的工作中，主要使用总价合同和成本补偿合同这两种。他们的共同特点是，卖方承担对结果的所有责任，并按要求交付出买方满意的东西，然后买方和卖方进行最后的费用结算。该协作方式有助于充分保障买方的利益，因此被广泛运用于实际工作中。另外，成本补偿合同和工料合同两种协作方式会产生混淆。在实际的情况中，成本补偿合同限定了模糊的工作边界，但这些边界不是不可更改的，需要在实际操作中灵活应变。而工料合同则往往是用于工作范围无法确定的情况，此时，没有任何范围，而不是像成本补偿合同，有一个"大致"的范围。所以工料合作合同在实际的工作中使用非常少。

9.4　作业与练习

一、填空题

1．大数据系统下的服务资源管理有 6 种，分别是：_____、_____、_____、_____、_____、_____。

2．大数据系统业务能力的管理有两个部分，分别是：_____、_____。

3．在大数据业务需求评估中，收集需求的输入有：_____、_____、_____、_____、_____。

4．在大数据系统下业务需求评估的 4 种方法分别是：_____、_____、_____、_____。

5．大数据系统下，业务需求趋势预测的 9 种常见方法分别是：_____、_____、_____、_____、_____、_____、_____、_____、_____。

6．大数据系统的服务能力管理包括 3 个部分，分别是：_____、_____、_____。

7．大数据系统人员能力动态管理的 4 种措施：_____、_____、_____、_____。

8．在大数据的系统项目中，划分的角色分别有：_____、_____、_____。

9．在大数据系统中，用户、供应商、厂商的典型协作方式通常有：_____、_____、_____。

10．总价合同主要包括：_____、_____、_____ 3 种。

11．成本补偿合同主要有 4 种，分别是：_____、_____、_____、_____。

二、简述题

1．简述如何做好大数据系统业务需求评估以及业务需求评估对企业的重要性。

2．简述业务需求趋势预测中驱动因素预测方法的步骤。

3．简述服务成本动态管理的定义并列举出大数据服务成本动态管理依据。

4．简述大数据人员能力动态管理的重要性。

5．在大数据系统下，企业需要人员具备哪些综合能力？

6．简述大数据项目中项目发起人、项目经理，以及项目成员在项目中的职责。

7．简述 3 种合同的特点和区别。

参考文献

[1] [芬]克里斯廷·格罗鲁斯．服务管理与营销——基于顾客关系的管理策略[M]．2 版．韩经纶，等，译．北京：电子工业出版社，2002．

[2] [美]托马斯·S．贝特曼，等．全美最新工商管理权威教材系列——管理学 构建竞争优势[M]．4 版．王雪莉，等，译．北京：北京大学出版社，2003．

[3] 陈春花，赵海然．争夺价值链[M]．北京：中信出版社，2004．

附录 A

大数据和人工智能实验环境

1. 大数据实验环境

一方面，大数据实验环境安装、配置难度大，高校难以为每个学生提供实验集群，实验环境容易被破坏；另一方面，实用型大数据人才培养面临实验内容不成体系、课程教材缺失、考试系统不客观、缺少实训项目以及专业师资不足等问题，实验开展束手束脚。

大数据实验平台（bd.cstor.cn）可提供便捷实用的在线大数据实验服务。同步提供实验环境、实验课程、教学视频等，帮助轻松开展大数据教学与实验。在大数据实验平台上，用户可以根据学习基础及时间条件，灵活安排 3～7 天的学习计划，进行自主学习。大数据实验平台 1.0 界面如图 A-1 所示。

图 A-1　大数据实验平台 1.0 界面

作为一站式的大数据综合实训平台，大数据实验平台同步提供实验环境、实验课程、教学视频等，方便轻松开展大数据教学与实验。平台基于 Docker 容器技术，可以瞬间创建随时运行的实验环境，虚拟出大量实验集群，方便上百用户同时使用。通过采用 Kubernates 容器编排架构管理集群，用户实验集群隔离、互不干扰，并可按需配置包含 Hadoop、HBase、Hive、Spark、Storm 等组件的集群，或利用平台提供的一键搭建集群功能快速搭建。

实验内容涵盖 Hadoop 生态、大数据实战原理验证、综合应用、自主设计及创新的多层次实验内容等，每个实验呈现详细的实验目的、实验内容、实验原理和实验流程指导。实验课程包括 36 个 Hadoop 生态大数据实验和 6 个真实大数据实战项目。平台内置数据挖掘等教学实验数据，也可导入高校各学科数据进行教学、科研，校外培训机构同样适用。

此外，如果学校需要自己搭建专属的大数据实验环境，BDRack 大数据实验一体机（http://www.cstor.cn/proTextdetail_11007.html）可针对大数据实验需求提供完善的使用环境，帮助高校建设搭建私有的实验环境。其部署规划如图 A-2 所示。

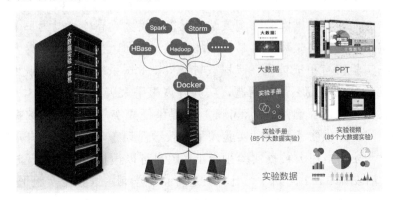

图 A-2　BDRack 大数据实验一体机部署规划

基于容器 Docker 技术，大数据实验一体机采用 Mesos+ZooKeeper+Marathon 架构管理 Docker 集群。实验时，系统预先针对大数据实验内容构建好一系列基于 CentOS 7 的特定容器镜像，通过 Docker 在集群主机内构建容器，充分利用容器资源高效的特点，为每个使用平台的用户开辟属于自己完全隔离的实验环境。容器内部，用户完全可以像使用 Linux 操作系统一样地使用容器，并且不会被其他用户的集群造成所影响，只需几台机器，就可能虚拟出能够支持上百个用户同时使用的隔离集群环境。图 A-3 所示为 BDRack 大数据实验一体机系统架构。

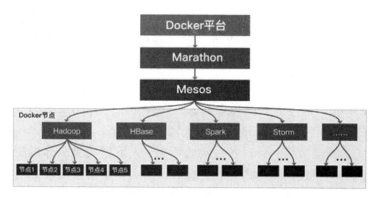

图 A-3　BDRack 大数据实验一体机系统架构

　　硬件方面，采用 cServer 机架式服务器，其英特尔®至强®处理器 E5 产品家族的性能比上一代提升多至 80%，并具备更出色的能源效率。通过英特尔 E5 家族系列 CPU 及英特尔服务器组件，可满足扩展 I/O 灵活度、最大化内存容量、大容量存储和冗余计算等需求；软件方面，搭载 Docker 容器云可实现 Hadoop、HBase、Ambari、HDFS、YARN、MapReduce、ZooKeeper、Spark、Storm、Hive、Pig、Oozie、Mahout、Python、R 语言等绝大部分大数据实验应用。

　　大数据实验一体机集实验机器、实验手册、实验数据以及实验培训于一体，解决怎么开设大数据实验课程、需要做什么实验、怎么完成实验等一系列根本问题。提供了完整的大数据实验体系及配套资源，包含大数据教材、教学 PPT、实验手册、课程视频、实验环境、师资培训等内容，涵盖面较为广泛，通过发挥实验设备、理论教材、实验手册等资源的合力，大幅度降低高校大数据课程的学习门槛，满足数据存储、挖掘、管理、计算等多样化的教学科研需求。具体的规格参数表如表 A-1 所示。

表 A-1　规格参数表

配套/型号	经　济　型	标　准　型	增　强　型
管理节点	1 台	3 台	3 台
处理节点	6 台	8 台	15 台
上机人数	30 人	60 人	150 人
实验教材	《大数据导论》50 本 《大数据实践》50 本 《实战手册》PDF 版	《大数据导论》80 本 《大数据实践》80 本 《实战手册》PDF 版	《大数据导论》180 本 《大数据实践》180 本 《实战手册》PDF 版
配套 PPT	有	有	有
配套视频	有	有	有
免费培训	提供现场实施及 3 天技术培训服务	提供现场实施及 5 天技术培训服务	提供现场实施及 7 天技术培训服务

大数据实验一体机在 1.0 版本基础上更新升级到最新的 2.0 版本实验体系，进一步丰富了实验内容，实验课程数量新增至 85 个。同时，实验平台优化了创建环境→实验操作→提交报告→教师打分的实验流程，新增了具有海量题库、试卷生成、在线考试、辅助评分等应用的考试系统，集成了上传数据→指定列表→选择算法→数据展示的数据挖掘及可视化工具。

在实验指导方面，针对各项实验所需，大数据实验一体机配套了一系列包括实验目的、实验内容、实验步骤的实验手册及配套高清视频课程，内容涵盖大数据集群环境与大数据核心组件等技术前沿，详尽细致的实验操作流程可帮助用户解决大数据实验门槛所限。具体来说，85个实验课程包括以下方面。

（1）36 个 Hadoop 生态大数据实验。

（2）6 个真实大数据实战项目。

（3）21 个基于 Python 的大数据实验。

（4）18 个基于 R 语言的大数据实验。

（5）4 个 Linux 基本操作辅助实验。

整套大数据系列教材的全部实验都可在大数据实验平台上远程开展，也可在高校部署的 BDRack 大数据实验一体机上本地开展。

作为一套完整的大数据实验平台应用，BDRack 大数据实验一体机还配套了实验教材、PPT 以及各种实验数据，提供使用培训和现场服务，中国大数据（thebigdata.cn）、中国云计算（chinacloud.cn）、中国存储（chinastor.org）、中国物联网（netofthings.cn）、中国智慧城市（smartcitychina.cn）等提供全线支持。目前，BDRack 大数据实验一体机已经成功应用于各类院校，国家"211 工程"重点建设高校代表有郑州大学等，民办院校有西京学院等。其部署图如图 A-4 所示。

2. 人工智能实验环境

人工智能实验一直难以开展，主要有两方面原因。一方面，实验环境需要提供深度学习计算集群，支持主流深度学习框架，完成实验环境的快速部署，应用于深度学习模型训练等教学实践需求，同时也需要支持多人在线实验。另一方面，人工智能实验面临配置难度大、实验入门难、缺乏实验数据等难题，在实验环境、应用教材、实验手册、实验数据、技术支持等多方面亟须支持，以大幅度降低人工智能课程学习门槛，满足课程设计、课程上机实验、实习实训、科研训练等多方面需求，实现教学实验效果的事半功倍。

图 A-4 BDRack 大数据实验一体机实际部署图

AIRack 人工智能实验平台（http://www.cstor.cn/proTextdetail_12031.html）基于 Docker 容器技术，在硬件上采用 GPU+CPU 混合架构，可一键创建实验环境，并为人工智能实验学习提供一站式服务。其实验体系架构如图 A-5 所示。

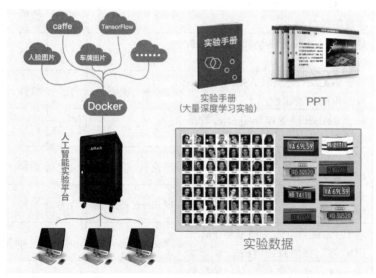

图 A-5 AIRack 人工智能实验平台实验体系架构

实验时，系统预先针对人工智能实验内容构建好基于 CentOS 7 的特定容器镜像，通过 Docker 在集群主机内构建容器，开辟完全隔离的实验环境，实现使用几台机器即可虚拟出大量实验集群以满足学校实验室的使用需求。平台采用 Google 开源的容器集群管理系统 Kubernetes，能够方便地管理跨机器运行容器化的应用，提供应用部署、维护、扩展机制等功能。其平台架构如图 A-6 所示。

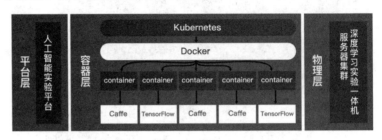

图 A-6 AIRack 人工智能实验平台架构

配套实验手册包括 20 个人工智能相关实验，实验基于 VGGNet、FCN、ResNet 等图像分类模型，应用 Faster R-CNN、YOLO 等优秀检测框架，实现分类、识别、检测、语义分割、序列预测等人工智能任务。具体的实验手册大纲如表 A-2 所示。

表 A-2 实验手册大纲

序号	课 程 名 称	课程内容说明	课时	培 训 对 象
1	基于 LeNet 模型和 MNIST 数据集的手写数字识别	理论+上机训练	1.5	教师、学生
2	基于 AlexNet 模型和 CIFAR-10 数据集图像分类	理论+上机训练	1.5	教师、学生
3	基于 GoogleNet 模型和 ImageNet 数据集的图像分类	理论+上机训练	1.5	教师、学生
4	基于 VGGNet 模型和 CASIA WebFace 数据集的人脸识别	理论+上机训练	1.5	教师、学生
5	基于 ResNet 模型和 ImageNet 数据集的图像分类	理论+上机训练	1.5	教师、学生
6	基于 MobileNet 模型和 ImageNet 数据集的图像分类	理论+上机训练	1.5	教师、学生
7	基于 DeepID 模型和 CASIA WebFace 数据集的人脸验证	理论+上机训练	1.5	教师、学生
8	基于 Faster R-CNN 模型和 Pascal VOC 数据集的目标检测	理论+上机训练	1.5	教师、学生
9	基于 FCN 模型和 Sift Flow 数据集的图像语义分割	理论+上机训练	1.5	教师、学生
10	基于 R-FCN 模型的行人检测	理论+上机训练	1.5	教师、学生
11	基于 YOLO 模型和 COCO 数据集的目标检测	理论+上机训练	1.5	教师、学生
12	基于 SSD 模型和 ImageNet 数据集的目标检测	理论+上机训练	1.5	教师、学生

续表

序号	课 程 名 称	课程内容说明	课时	培 训 对 象
13	基于 YOLO2 模型和 Pascal VOC 数据集的目标检测	理论+上机训练	1.5	教师、学生
14	基于 linear regression 的房价预测	理论+上机训练	1.5	教师、学生
15	基于 CNN 模型的鸢尾花品种识别	理论+上机训练	1.5	教师、学生
16	基于 RNN 模型的时序预测	理论+上机训练	1.5	教师、学生
17	基于 LSTM 模型的文字生成	理论+上机训练	1.5	教师、学生
18	基于 LSTM 模型的英法翻译	理论+上机训练	1.5	教师、学生
19	基于 CNN Neural Style 模型绘画风格迁移	理论+上机训练	1.5	教师、学生
20	基于 CNN 模型灰色图片着色	理论+上机训练	1.5	教师、学生

同时，平台同步提供实验代码以及 MNIST、CIFAR-10、ImageNet、CASIA WebFace、Pascal VOC、Sift Flow、COCO 等训练数据集，实验数据做打包处理，以便开展便捷、可靠的人工智能和深度学习应用。

AIRack 人工智能实验平台硬件配置如表 A-3 所示。

表 A-3　AIRack 人工智能实验平台硬件配置

产 品 型 号	详 细 配 置	单 位	数 量
CPU	E5-2650V4	颗	2
内存	32GB DDR4 RECC	根	8
SSD	480GB SSD	块	1
硬盘	4TB SATA	块	4
GPU	1080P（型号可选）	块	8

AIRack 人工智能实验平台集群配置如表 A-4 所示。

表 A-4　AIRack 人工智能实验平台集群配置

	极 简 型	经 济 型	标 准 型	增 强 型
上机人数	8 人	24 人	48 人	72 人
服务器	1 台	3 台	6 台	9 台
交换机	无	S5720-30C-SI	S5720-30C-SI	S5720-30C-SI
CPU	E5-2650V4	E5-2650V4	E5-2650V4	E5-2650V4
GPU	1080P（型号可选）	1080P（型号可选）	1080P（型号可选）	1080P（型号可选）
内存	8*32GB DDR4 RECC	24*32GB DDR4 RECC	48*32GB DDR4 RECC	72*32GB DDR4 RECC
SSD	1*480GB SSD	3*480GB SSD	6*480GB SSD	9*480GB SSD
硬盘	4*4TB SATA	12*4TB SATA	24*4TB SATA	36*4TB SATA

在人工智能实验平台之外，针对目前全国各大高校相继开启深度

学习相关课程，DeepRack 深度学习一体机（http://www.cstor.cn/proTextdetail_10766.html）一举解决了深度学习研究环境搭建耗时、硬件条件要求高等种种问题。

凭借过硬的硬件配置，深度学习一体机能够提供最大每秒 144 万亿次的单精度计算能力，满配时相当于 160 台服务器的计算能力。考虑到实际使用中长时间大规模的运算需要，一体机内部采用了专业的散热、能耗设计，解决了用户对于机器负荷方面的忧虑。

一体机中部署有 TensorFlow、Caffe 等主流的深度学习开源框架，并提供大量免费图片数据，可帮助学生学习诸如图像识别、语音识别和语言翻译等任务。利用一体机中的基础训练数据，包括 MNIST、CIFAR-10、ImageNet 等图像数据集，也可以满足实验与模型塑造过程中的训练数据需求。深度学习一体机外观如图 A-7 所示，服务器内部如图 A-8 所示。

图 A-7　深度学习一体机外观　　　图 A-8　深度学习一体机节点内部

深度学习一体机服务器配置参数如表 A-5 所示。

表 A-5　服务器配置参数

	经 济 型	标 准 型	增 强 型
CPU	Dual E5-2620 V4	Dual E5-2650 V4	Dual E5-2697 V4
GPU	Nvidia Titan X *4	Nvidia Tesla P100*4	Nvidia Tesla P100*4
硬盘	240GB SSD+4T 企业盘	480GB SSD+4T 企业盘	800GB SSD+4T*7 企业盘
内存	64GB	128GB	256GB
计算节点数	2	3	4
单精度浮点计算性能	88 万亿次/秒	108 万亿次/秒	144 万亿次/秒
系统软件	Caffe、TensorFlow 深度学习软件、样例程序，大量免费图片数据		
是否支持分布式深度学习系统	是		

此外，对于构建高性价比硬件平台的个性化的 AI 应用需求，dServer 人工智能服务器（http://www.cstor.cn/proTextdetail_12032.html）采用英特尔 CPU+英伟达 GPU 的混合架构，预装 CentOS 操作系统，集成两套行业主流开源工具软件——TensorFlow 和 Caffe，同时提供 MNIST、CIFAR-10 等训练测试数据，通过多类型的软硬件备选方案以及高性能、点菜式的解决方案，方便自由选配及定制安全可靠的个性化应用，可广泛用于图像识别、语音识别和语言翻译等 AI 领域。dServer 人工智能服务器如图 A-9 所示，配置参数如表 A-6 所示。

图 A-9 dServer 人工智能服务器

表 A-6 dServer 人工智能服务器配置参数

配　　置	参　　　数
GPU（NVIDIA）	Tesla P100，Tesla P4，Tesla P40，Tesla K80，Tesla M40，Tesla M10，Tesla M60，TITAN X，GeForce　GTX 1080
CPU	Dual E5-2620 V4，Dual E5-2650 V4，Dual E5-2697 V4
内存	64GB/128GB/256GB
系统盘	120GB SSD/180GB SSD/240GB SSD
数据盘	2TB/3TB/4TB
准系统	7048GR-TR
软件	TensorFlow，Caffe
数据（张）	车牌图片（100 万/200 万/500 万），ImageNet（100 万），人脸图片数据（50 万），环保数据

目前，dServer 人工智能服务器已经在清华大学车联网数据云平台、西安科技大学大数据深度学习平台、湖北文理学院大数据处理与分析平台等项目中部署使用。其中，清华大学车联网数据云平台项目配置如图 A-10 所示。

清華大學
Tsinghua University

名称	深度学习服务器		
生产厂家	南京云创大数据科技股份有限公司		
主要规格	cServer C1408G		
配置说明	CPU：2*E5-2630v4	GPU：4*NVIDIA TITAN X	内存：4*16G (64G) DDR4,2133MHz，RECC
	硬盘：5* 2.5"300GB 10K SAS（企业级）		网口：4个10/100/1000Mb自适应以太网口
	电源：2000W 1+1冗余电源		计算性能：单个节点单精度浮点计算性能为44万亿次/秒
	预装Caffe、TensorFlow深度学习软件、样例程序；提供MNIST、CIFAR-10等训练测试数据，提供交通卡口图片数据不少于400万张，环境在线数据不少于6亿条		

图 A-10　清华大学车联网数据云平台项目配置

综上所述，大数据实验平台 1.0 用于个人自学大数据远程做实验；大数据实验一体机受到各大高校青睐，用于构建各大学自己的大数据实验教学平台，使得大量学生可同时进行大数据实验；AIRack 人工智能实验平台支持众多师生同时在线进行人工智能实验；DeepRack 深度学习一体机能够给高校和科研机构构建一个开箱即用的人工智能科研环境；dServer 人工智能服务器可直接用于小规模 AI 研究，或搭建 AI 科研集群。

附录 B

Hadoop 环境要求

1. 硬件要求

Hadoop 集群需要运行几十、几百甚至上千个节点，选择匹配相应的工作负载的硬件，能在保证效率的同时最大可能地节省成本。

一般来说，Datanode 的推荐规格为：

- ❏ 4 个磁盘驱动器（1～4TB）。
- ❏ 2 个 4 核 CPU（2～2.5GHz）。
- ❏ 16～64GB 的内存。
- ❏ 千兆以太网（存储密度越大，需要的网络吞吐量越高）。

Namenode 的推荐规格为：

- ❏ 8～12 个磁盘驱动器（1～4TB）。
- ❏ 2 个 4/8 核 CPU（2～2.5GHz）。
- ❏ 32～128GB 的内存。
- ❏ 千兆或万兆以太网。

2. 操作系统要求

HDP 2.6.0 支持的操作系统版本如表 B-1 所示。

表 B-1　HDP 2.6.0 支持的操作系统版本

操 作 系 统	版　　　本
CentOS（64bit）	CentOS 7.0/7.1/7.2
	CentOS 6.1/6.2/6.3/6.4/6.5/ 6.6/6.7/6.8
Debian	Debian 7

续表

操　作　系　统	版　　本
Oracle（64bit）	Oracle 7.0/7.1/7.2
	Oracle 6.1/6.2/6.3/6.4/6.5/6.6/6.7/6.8
Red Hat（64bit）	RHEL 7.0/7.1/7.2
	RHEL 6.1/6.2/6.3/6.4/6.5/6.6/6.7/6.8
SUSE（64bit）	（SLES）Entreprise Linux 12，SP2
	（SLES）Enterprise Linux 12，SP1
SUSE（64bit）	（SLES）Enterprise Linux 11，SP4
	（SLES）Enterprise Linux 11，SP3
Ubuntu（64bit）	Ubuntu 16.04（Xenial）
	Ubuntu 14.04（Trusty）

3. 浏览器要求

Ambari 是基于 Web 的 Apache Hadoop 集群的供应、管理和监控工具，需要浏览器的支持，支持的浏览器版本如表 B-2 所示。

表 B-2　Ambari 2.5.0 支持的浏览器版本

操　作　系　统	浏　　览　　器
Linux	Chrome 56.0.2924/57.0.2987
	Firefox 51/52
Mac OS X	Chrome 56.0.2924/57.0.2987
	Firefox 51/52
	Safari 10.0.1/10.0.3
Windows	Chrome 56.0.2924/57.0.2987
	Edge 38
	Firefox 51.0.1/52.0
	Internet Explorer 10/11

（1）Java 环境要求

Hadoop 是由 Java 实现的，需要 Java 环境支持，支持的 JDK 版本如表 B-3 所示。

表 B-3　HDP 2.6.0 支持的 JDK 版本

JDK	版　　本
Open Source	JDK8†
	JDK7†，deprecated
Oracle	JDK 8，64bit（minimum JDK 1.8.0_77），default
	JDK 7，64bit（minimum JDK 1.7_67），deprecated

（2）Python 环境要求

Hadoop 的 Web 工具 ambari 是基于 Python 语言编写的，需要安装 Python 环境。HDP 2.6.0 支持的 Python 版本为 2.6 及以上。

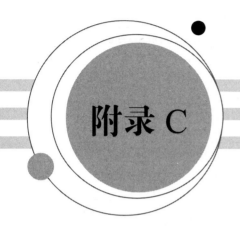

附录 C

名词解释

有关大数据的一些名词解释如表 C-1 所示。

表 C-1 名词解释

名 词	解 释
Ambari	Apache Ambari 是一种基于 Web 的工具，支持 Apache Hadoop 集群的供应、管理和监控
Browser	网页浏览器，文中如非特指，采用的是 Google Chrome 浏览器
CAB	变更咨询委员会（Change Advisory Board）
CCB	配置控制委员会（Configuration Control Board）
CDH	Cloudera Distribution Hadoop，即 Cloudera 公司的发行版 Hadoop
CI	配置项（Configuration Item）是指要在配置管理控制下的资产、人力、服务组件或者其他逻辑资源。从整个服务或系统来说，包括硬件、软件、文档、支持人员到单独软件模块或硬件组件（CPU、内存、SSD、硬盘等）。配置项需要有整个生命周期（状态）的管理和追溯（日志）
CLI	Command Line Interface，命令行界面，用户可以在该界面输入命令，对系统进行操作
CM	配置管理（Configuration Management），是通过技术或行政手段对软件产品及其开发过程和生命周期进行控制、规范的一系列措施
CMDB	配置管理数据库（Configuration Management Database），用于存储与管理企业 IT 架构中设备的各种配置信息，它与所有服务支持和服务交付流程都紧密相联，支持这些流程的运转、发挥配置信息的价值，同时依赖于相关流程保证数据的准确性

续表

名　　词	解　　释
CMS	配置管理系统（Configuration Management System）
DoS	拒绝服务（Denial of Service），DoS 攻击是通过大量访问耗尽被攻击对象的资源，让目标计算机或网络无法提供正常的服务或资源访问，使目标系统服务系统停止响应甚至崩溃
ECAB	紧急变更咨询委员会（Emergency Change Advisory Board）
Elastic Search	一个基于 Lucene 的搜索服务器，常用于日志分析
GUI	图形用户界面（Graphical User Interface）
Hadoop	一个由 Apache 基金会所开发的分布式系统基础架构
Hbase	HBase 是一个分布式的、面向列的开源数据库
HDP	Hortonworks Data Platform，Hortonworks 公司的 Hadoop 平台
Impala	Cloudera 公司主导开发的新型查询系统，它提供 SQL 语义，能查询存储在 Hadoop 的 HDFS 和 HBase 中的 PB 级大数据
ISO2000	信息技术服务管理体系标准，是面向机构的 IT 服务管理标准
ITIL	IT 基础架构库即信息技术基础架构库（ITIL，Information Technology Infrastructure Library）由英国政府部门 CCTA（Central Computing and Telecommunications Agency）在 20 世纪 80 年代末制订，现由英国商务部 OGC（Office of Government Commerce）负责管理，主要适用于 IT 服务管理（ITSM）。ITIL 为企业的 IT 服务管理实践提供了一个客观、严谨、可量化的标准和规范
Job	作业，指提交到 Hadoop 大数据系统中运行的作业
MapReduce	一种编程模型，用于大规模数据集（大于 1TB）的并行运算。概念"Map（映射）"和"Reduce（归约）"，是它们的主要思想，都是从函数式编程语言里借来的，还有从矢量编程语言里借来的特性。它极大地方便了编程人员在不会分布式并行编程的情况下，将自己的程序运行在分布式系统上。当前的软件实现是指定一个 Map（映射）函数，用来把一组键值对映射成一组新的键值对，指定并发的 Reduce（归约）函数，用来保证所有映射的键值对中的每一个共享相同的键组
Master	主节点，指构成 Hadoop 大数据系统的主服务器节点
MongoDB	一个介于关系数据库和非关系数据库之间的产品，是非关系数据库当中功能最丰富，最像关系数据库的，支持的数据结构非常松散，是类似 json 的 bson 格式，因此可以存储比较复杂的数据类型
MTTF	Mean Time To Failure，平均失效前时间
MTTR	Mean Time To Restoration，平均恢复前时间
NoSQL	Not only SQL，泛指非关系型的数据库
NTP	Network Time Protocol，通过网络对时的协议，用于将多台服务器的时间保持一致
OTRS	Open Technology Real Services，一种工单管理软件

续表

名　　词	解　　释
PDCA	PDCA 是英语单词 Plan（计划）、Do（执行）、Check（检查）和 Adjust（纠正）的第一个字母，PDCA 循环就是按照这样的顺序进行质量管理，并且循环不止地进行下去的科学程序
RAID	Redundant Arrays of Independent Disks，磁盘阵列，磁盘阵列是由很多价格较便宜的磁盘，组合成一个容量巨大的磁盘组，利用个别磁盘提供数据所产生的加成效果提升整个磁盘系统效能
RPO	Recovery Point Objective，灾备切换后，数据丢失的时间范围
RTO	Recovery Time Objective，业务从中断到恢复正常所需要的时间
Slave	从节点，指构成 Hadoop 大数据系统的从服务器节点
Spark	专为大规模数据处理而设计的快速通用的计算引擎
Sqoop	一款开源的工具，主要用于在 Hadoop（Hive）与传统的数据库（MySQL、PostgreSQL 等）间进行数据的传递，可以将一个关系型数据库（如 MySQL、Oracle、PostgreSQL 等）中的数据导入到 Hadoop 的 HDFS 中，也可以将 HDFS 的数据导入到关系型数据库中
SSH	Secure Shell，专为远程登录会话和其他网络服务提供安全性的协议
Storm	一个分布式的、可靠的、容错的数据流处理系统
Task	任务，指 Hadoop 作业中分解出来执行的任务
Tivoli	IBM 公司为运维管理开发的软件产品
Yarn	Yet Another Resource Negotiator，一种新的 Hadoop 资源管理器
ZooKeeper	一个分布式的、开放源码的分布式应用程序协调服务，是 Google 的 Chubby 中一个开源的实现，是 Hadoop 和 HBase 的重要组件。它是一个为分布式应用提供一致性服务的软件，提供的功能包括配置维护、域名服务、分布式同步、组服务等
配置基线	在服务或服务组件的生命周期中，某一时间点被正式指定的配置信息